人文景观的传承与创新

——枣庄市城市景观建设研究

聂存明　著

中国海洋大学出版社

·青岛·

图书在版编目（CIP）数据

人文景观的传承与创新：枣庄市城市景观建设研究／聂
存明著. — 青岛：中国海洋大学出版社，2022.9
　　ISBN 978-7-5670-3306-1

Ⅰ.①人… Ⅱ.①聂… Ⅲ.①城市景观—景观设计—研
究—枣庄 Ⅳ.①TU984.252.3

中国版本图书馆CIP数据核字（2022）第192763号

RENWEN JINGGUAN DE CHUANCHENG YU CHUANGXIN
人文景观的传承与创新

出版发行	中国海洋大学出版社
社　　址	青岛市香港东路23号　　邮政编码　266071
出 版 人	刘文菁
网　　址	http://pub.ouc.edu.cn
订购电话	0532-82032573（传真）
责任编辑	王　晓
印　　制	青岛中苑金融安全印刷有限公司
版　　次	2022年9月第1版
印　　次	2022年9月第1次印刷
成品尺寸	170 mm × 240 mm
印　　张	16.75
印　　数	1~3000
字　　数	270千
定　　价	78.00元

如发现印装质量问题，请致电0532-85662115，由印刷厂负责调换。

序

二

　　我最早知道枣庄这个名字还是在上小学的时候，那时有本小人书叫《铁道游击队》，画得特别好，很招小男孩儿的喜欢，都想方设法借来抢着看。后来大一点儿又有了关于铁道游击队的电影，虽然是黑白的，拍摄质量和现在没法比，但紧张的情节和演员精彩的演技让我百看不厌，也记下了刘洪队长、王强书记的名字。

　　真没想到时隔五十多年后，我能为这些英雄设计一座纪念馆，这对我来说是一种荣幸。记得我第一次踏勘现场，登上英雄山，不高的山上遍植松柏，郁郁葱葱矗立在城市之中。我看到十几年前建的纪念碑，看到将军们留下的题词，也瞻仰了英雄的墓地，这让我深切地感到枣庄人民没有忘记铁道游击队，没有忘记这些英雄，他们永远是祖国的骄傲、军人的榜样，代表着枣庄的红色文化精神！怀着这样的情感，我和团队一起开始规划：纪念碑不要动，但要重铺广场、新建护廊，让它不要太单薄；纪念馆不算大，但要骑在山脊上叠石筑墙，让它与山势融为一体，如大地上隆起的脊梁；纪念展品不用太多，但要创造出以火车头为主体的空间场景和有体验性的展览效果。我还设计了山下的纪念园，用一座座石碑围成的广场如同大地上的花环，向枣庄的英雄们献上永恒的敬意。这组纪念建筑景观建成以后，听说得到了各级领导的肯定和当地人民的喜爱，让我感到为枣庄做了一件特别有意义的好事。

这两年，政府结合城市更新的工作，搬迁了山下破旧的平房区，又请我带团队规划了新的城市街区。我们以山上的纪念碑为中心，呈放射状引出三条空间视廊作为街区的主要入口，形成有识别性的场所空间，让红色文化引领城市的发展，融入今天的城市生活。

其实在设计铁道游击队纪念馆之前我曾到过枣庄几次。一次是去参观台儿庄修复的古城，还曾在城外规划了一片旅游文化街区；一次是去看中兴公司旧址，规划过遗址的保护利用以及周边城市的更新。虽然这两件事都没落地，但还是让我从多方面了解了枣庄这座城市的文化。这里不仅是古代大运河上的重镇，也是近代民族工业的发祥地；既有威震敌胆的铁道游击队，也有同仇敌忾的台儿庄战役。这些历史都像枣庄地下曾经富集的煤矿一样积淀在这片英雄的土地上，滋养着这里的人们，令他们自豪和怀念。

聂存明同志是很有文化修养和情怀的领导，几乎我每次去枣庄他都热情陪同，在铁道游击队纪念馆工程实施中他尽职尽责，高质量、高效率地指挥施工，给我留下了很好的印象。前不久，他专门写信给我，请我为他的新书作序。我很喜欢"人文景观的传承与创新"这个书名，当然也很乐意帮忙，不仅是因为这本书是对枣庄城市景观建设的研究，也因为它是当下全国城市存量发展中面临的文化资源提升的大课题。我衷心希望，枣庄的研究与实践能够为许多城市做出样板，让每个城市的文化景观建设都能找到自己的根，让每个地方的老百姓都能为家乡的光荣历史和英烈贤士而自豪。这是民族文化自觉、自信的大事情！

我也衷心希望在政府和全体市民的支持和参与下，枣庄的城市文脉能传承得更好，枣庄的文化景观建设能更有质量、更有创新点。

要做的事还很多。

祝福枣庄！

2022年9月

（崔愷：中国工程院院士，全国工程勘查设计大师，中国建筑设计研究院有限公司总建筑师）

序二

　　这是一本理论与实践两相宜的专著，一如其作者聂存明先生。和作者相识是多年前，他还在苏州大学读研究生时来同济大学访学，我当时任职于同济大学建筑与城市规划学院，在校园和存明同学一见如故。我一向喜欢山东籍学生，他们大气、踏实、勤奋且尊重师长，存明同学在这些性格之外还有一股特别强的求知欲。当时，同济大学中外大咖的学术讲座、学院各位教授的课、我的研究生课堂常常可以看到他的身影。他好提问，究事理。相信在同济的求学经历，为其专业素养打下了扎实的基础。他回到家乡，师生之情与日增长，常有书信联系和学术交流。存明在家乡枣庄告诉我，他参与台儿庄古城重建工作，建设了崔愷院士设计的铁道游击队纪念馆等项目，和众多专家、能工巧匠一起摸爬滚打，学到了更多宝贵技能，践行了理论和实践相结合的全过程。这是一个质的变化，和之后存明主持的各种城市景观实践一起，为本书的撰写打下了厚实基础。

书中详细介绍了枣庄历史文化、人文景观、城市发展变化，一座山水园林城市、一座森林城市、一座文明城市展现在读者面前，言语之间体现出存明对家乡的热爱、对专业研究的执着。书中把枣庄地区的人、文化与地理区位相结合，形成稳定的、成熟的文化景观。将台儿庄古城景区做成核心区，然后在一定条件下，向邻近地区传播，形成各种类型的扩散区。在扩散区内，文化景观不像核心区那样纯粹和密集，表现为不同程度的混合型景观，以新城区景观建设传承与创新，体现了"运河明珠·匠心枣庄"的城市品牌。书中诸多景观建设说明了这一点，也丰富了书的内涵。

景观生态学中提出，景观的结构由斑、廊、基质三种元素构成。斑，又称斑块，指不同于周围背景的非线性景观生态系统单元；廊，又称廊道，是指具有线或带形的景观生态系统空间类型；基，又称基质，是一定区域内面积最大、分布最广且优质性很突出的景观生态系统。这和美国学者凯文·林奇（Kevin Lynch）认为的影响城市意象的五要素（道路、边界、区域、节点和标志物）有一定的相通性。区域在某种意义上与斑块有相通性；道路往往是城市景观的重要廊道；节点可以理解为面积较小的景观斑块；边界也可以理解为景观斑块的边缘。这些在台儿庄古城景观设计和枣庄城市建设中一一得到了体现，并在施工中落到实处，形成文化空间系统和景观生态结构都非常优秀的城市景观案例。

在长期工作实践过程中，存明有了新的认识，创造性地将城市人文景观的构成要素分为斑块、廊道、节点和基质。斑块、廊道和节点可以认为是影响城市景观的结构性元素，这在台儿庄古城整体布局和各个角落均有完美体现。基质是城市的背景元素。作者将这四种元素在城市规划建设工作中很好地应用于枣庄城市景观的不同层面中，包括城市形态、城市空间布局、城市自然山水景观、城市街区、建筑、绿化、广场、公共设施、道路、雕塑小品、标识、街具等；还有城市背景基质塑造，包括城市的传统风俗习惯、价值标准、道德规范、精神风貌及市民的思想、意识、习惯、生活习俗、行为举止、工作状态等；同时涉及城市的管理制度、行政制度、法律法规体系等，书中均有论述。

作者在书中详细阐述了以枣庄市各景区、台儿庄古城景观建设、枣庄城市景观建设为主的国内外众多案例，综合运用人类学、文化学、历史学、哲学、文化生态学、城市规划学、景观学的相关理论，在国内外人文景观现阶段研究成果的基础上，对当下我国城市尤其是枣庄市人文景观的传承与创新方法及策略做了探索性的研究。全书视野开阔、思路明确、资料丰富、案例翔实、图文并茂，并得出一些有益的研究成果。所以我认为这是一本理论与实践相宜相长的、有价值的专著。当然，因为著书时间紧迫，本书也存在着细节上的匆忙痕迹，同时由于本书内容涵盖面较宽，难免有不够深入的地方。但难能可贵的是，本书为城市人文景观的传承与创新建立起一个研究框架，为枣庄城市建设提供了有益借鉴。

喜读此书的同时，也为当年求知若渴、勤奋学习的存明同学，已然成长为优秀的专家型领导者深感欣慰。

是为序。

2022年初秋

（陈健：同济大学教授、博士生导师）

前言

习近平总书记指出，文化是城市的灵魂。城市历史文化遗存是前人智慧的积淀，是城市内涵、品质、特色的重要标志。《国家"十三五"时期文化发展改革规划纲要》明确指出：文化是民族的血脉，是人民的精神家园，是国家强盛的重要支撑。这为推动城市文化建设的高质量发展指明了方向。

进入21世纪之后，在经济全球化的大背景下，我国经历了城市化的快速发展，城市面貌也发生了巨大改变。然而，在这个过程中，由于经济利益的驱动和主体意识的淡漠，也出现了诸如"千城一面、万屋一貌、大拆大建"等现象，有些城市的历史文脉被割断，城市的传统风貌遭到破坏。在经济全球化、社会信息化、文化多元化深入发展的今天，民族传统文化如何融入时代潮流，如何激发出具有中国特色的城市生命力？在城市规划和建设中，又如何去挖掘人文精神，传承和创新城市的精神文脉？归根结底，就是如何"讲好中国故事，传播好中国声音，展示真实、立体、全面的中国"

这个问题。

　　枣庄是一个地方文化底蕴深厚的城市，其历史可以上溯至夏代乃至以远。枣庄不仅浸润在山东"山水圣"的自然和人文积淀里，也沐浴过台儿庄的抗战烽火，流传着国人耳熟能详的《弹起我心爱的土琵琶》这首铁道游击队之歌。时至今日，枣庄正处在由资源型城市向"创新型城市"的转型过程中。而城市文化建设，包括枣庄独有的运河文化、工业文化、红色文化和石榴文化，恰逢其时地为城市的战略转型提供了深厚的文化土壤。这些优秀的文化遗存饱含着枣庄市和枣庄人民的集体记忆，亦不啻为枣庄最闪亮的名片。此时此刻，立足于自身的历史文脉与资源禀赋，枣庄的城市景观规划与建设更需要战略定力，一方面以人文意象营造枣庄人民的家园归属感，另一方面打造凸显枣庄人民精神品质的空间载体。笔者相信，历史的积淀与当今的创新两股合力必将成为推动枣庄战略转型与未来发展的动力源泉。

　　在产业转型背景下的城市更新，存在着各种各样的机遇和挑战，也有不得不直面的问题，比如更新模式的日趋单一化、老城区基础设施的相对落后、城市历史文化景观的缺失、地域文化和传统社区被削弱。毫无疑问，新时代的城市建设应当立足于当今社会，尊重城市的历史传统、地域风貌和民族特色，大力推动城市特色化和差异化发展，建设独具魅力的人文城市。要达到这样的目标，人文景观的重要性不言而喻。大量实践也证明，人文景观对提升城市形象、优化城市空间、增强城市竞争力、传承城市文脉等方面具有十分重要的意义。

　　针对上述情况，本书基于国家的政策引导，对人文景观的内涵、特性、构成要素、人文景观传承与创新的本质与方法建构等问题进行了探讨。在此基础上，梳理了枣庄城市历史沿革与人文景观的形成，并对枣庄城市景观要素现状与问题进行了分析。立足于枣庄的人文景观、历史脉络与发展现状，本书从精神、物质、制度等三个层面分析了枣庄城市人文景观传承与创新的整体框架，进一步从运河文化、工业文化、红色文化及石榴文化等四个方面解析了枣庄城市典型人文景观传承与创新的实施路径。最后，对枣庄人文景观意象的重构策略进行了思考与探索。

由于学识所限，本书对于城市人文景观的传承与创新的探讨还处在较为初级的阶段，许多议题都未能顾及，其中的观点也难免有讹误之处，还请方家不吝赐教。最后，希望本书能够起到抛砖引玉的作用，吸引更多的学者对这一课题进行深入研究，共同推动城市人文景观理论与建设的发展。

目 录

第1章
引 言

1.1 研究背景

1.1.1 经济全球化加速文化趋同

经济全球化现象为人类社会全面发展提供了良好契机，是人类社会发展到一定历史阶段的产物，也是社会发展的一大进步，但同时也为地域文化带来了冲击，对文化多元发展产生了极大影响，导致全球文化趋同现象日益严重。

"全球化不仅是一种经济现象，而且是一种文化现象、政治现象。"①

"经济全球化的一个直接后果就是文化全球化。"②

文化全球化是指在全球范围内产生超越国界、超越社会制度、超越意识形态的文化和价值观念的过程。

在这个全球"一体化"速度加快、世界成为"地球村"的时代，文化的交流，首先就是从物质、技术的层面开始，进而到制度和形式，最后触及核心的价值观念、思维方式，直到行为层面。以工业文明、现代市场经济和世

---

① 胡元梓.全球化与中国［M］.北京：中央编译出版社，2000.

② 王宁.全球化与后殖民批判［M］.北京：中央编译出版社，1999.

俗文化为主体内容的现代文明，推动了全球互动和一体化，拉近了全球不同文化之间的距离，直接加剧了人类文化趋同危机。

经济全球化导致的文化趋同危机，反映在城市和建筑领域，正如《北京宪章》所指出的那样：

"技术和生产方式的全球化带来了人与传统地域空间的分离，地域文化的多样性和特色逐渐衰微、消失，城市和建筑物的标准化和商品化致使建筑特色逐渐隐退。建筑文化和城市文化出现趋同现象和特色危机。"①

在人们赖以生存的城市大环境、建筑小环境趋同的情况下，在其审美价值判断和审美批评影响下，经济全球化导致的文化驱同危机对人的个体思维方式、行为模式以及群体社会生活方式都会产生很大影响。

1.1.2 快速城市化下城市特色的迷失

在城市化快速推进过程中，东西方城市人文景观出现了前所未有的交汇、碰撞。城市规划建设中模仿、复制的现象十分普遍，造成了一批批规划雷同、风格相仿的城市街区的出现，这些在人们日常生活中占据着重要位置的文化城市环境，时刻影响着人们的日常生活和地域特色，进而不断冲击着原生文化。诚如冯骥才先生所说："我们常常感到自己的城市愈来愈陌生，别的城市却愈来愈熟悉。"

城市无序复制，导致"千城一面、万屋一貌"的现象日益严重，一些城市的历史遗迹在推土机的轰鸣中倒塌，取而代之的是高耸大厦和现代商业街区，或者用现代材料仿制的假"古董"。在程式化的钢筋混凝土之中，那些富有特色的人文景观正在被粗暴地改变，失去了往日的光彩，变得雷同而粗俗，迷失在"钢筋丛林"中，城市因此失去了原有的特色和魅力，盲目追求现代时尚，阻断了文化脉络的延续和传承。②

浮躁轻浮的城市景观背后，是空洞浅薄、扭曲错位的精神文化和价值观。作家雷达曾有一段生动的描述，认为这个时代的特征之一便是"缩

① 吴良镛.北京宪章［R］.北京：国际建协第20届世界建筑师大会，1999.
② 汪长根，蒋忠友.苏州文化与文化苏州［M］.苏州：古吴轩出版社.2005.

略"，称这个时代为"缩略时代"。

> "所谓缩略，就是把一切尽快转化为物，转化为钱，转化为欲，转化为形式，直奔功利目的。缩略的标准是物质的而非精神的，是功利的而非审美的，是形式的而非内涵的。缩略之所以能够实现，其秘诀在于把精神性的水分一点点挤出去。……物质过程与精神过程，功利过程与审美过程，原是两种不同的节奏，需要互济互补，现在只求适应第一种节奏，第二种节奏便失去了位置，被缩略了。"①

1.1.3 特色迷失引起城市精神的沉沦

"什么时候蛙鸣蝉声都成了记忆，什么时候家乡变得如此的拥挤，高楼大厦到处耸立，七彩霓虹把夜空染得如此的俗气……"人们吟唱着这首《一样的月光》，表达着对都市巨变的怅然若失与对精神故乡的怀想。②

美国"新文化地理"学者詹姆斯·邓肯（James Duncan）把文化景观与书写的文本和口头的文本并列，并将其比喻为人类储存知识和传播知识的"三大文本"。无论是历史文化名城罗马、威尼斯，还是现代国际大都市巴黎、纽约、芝加哥，座座堪称文化艺术宫殿、建筑博物馆，处处折射出城市的文化，走进这些城市，就仿佛走进了它们的历史。而我国的城市在表达着什么呢？

"不管老街、老巷、老院、老房有多久的历史，注入过多少地域风情，沉淀了多少人文精神，一概重新规划建设，文物部门确定的历史文化遗产也不能幸免，致使一些历史文化名城在大拆大建之后，少了最能代表自己城市特色的历史街区，多了各地风格雷同的现代新区。割断了历史文化的血脉，历史名城也就失去了时间厚度，失去了自己的城市个性。"③同时各种异域文化无端引入，从大型城市开发项目、公共建筑，到市民的居住区，什么欧陆风、北美情、地中海特色等应有尽有，城市变成了"大花脸"。"山寨建筑"层出不穷的背后是一些地区在建筑风格上缺乏文化自信，对城市精神缺乏认同感。

---

① 雷达.缩略时代 ［M］.北京：中央编译出版社，1997.
② 刘琼，吕绍刚.大拆大建割裂城市文脉 ［N］.中国改革报，2007-06-13（007）.
③ 李忠辉.大拆大建——中国城市的伤痛与遗憾 ［N］.人民日报，2005-09-23.

许多学者痛心疾首，认为：

"任其发展下去，将来有可能出现这样的困境：世界上各种风格的建筑和城市在我国都有了，唯独缺少中国自己风格的建筑和城市风貌。如北京传统的四合院和胡同在日益减少，城市文化遗产、自然遗产受到破坏。"①

1.1.4 觉醒下的思考

地域性、民族性人文景观是形成地方特色和增强城市对外竞争力的重要因素。面对我国城市人文景观的趋同与城市个性的迷失，众多学者认识到问题的严重性，并对此进行了反思。吴良镛院士疾呼：

"面对席卷而来的强势文化，处于劣势的地域文化如果缺乏内在活力，没有明确的发展目标方向和自强意识，不自觉地警醒保护与发展，有可能丧失自我创造力与竞争力，淹没在世界文化趋同的大潮中。"

"在一味追求速度、好大喜功的盲目发展中，中国当代城市环境设计不仅缺乏系统的理论研究，也没有对西方环境设计理论进行系统的引进和探讨，更没有对我国传统的环境美学观念进行梳理和现代转换。"②

许多学者从思想和观念上，重新梳理了全球化与地方文化的关系，指出全球化并不是全盘西化或同质化发展，全球化允许并尊重文化的异质性存在，地域性、民族性人文景观的存在对世界、对自身都具有极大的意义。地域性、民族性的建筑文化可促进世界文化的多元化和丰富多彩；国际性建筑文化也可吸收、融合民族性建筑文化，为地域化建筑创作注入新的生机，推动民族、地区和地方文化的更新和发展。③同时，学者们从各个角度对地方文化的发展方式进行了积极的探索和研究，如文化产业、历史文化保护、旧

---

① 仇保兴.第三次城市化浪潮中的中国范例［J］.城市规划，2007，31（6）：9-15.
② 梁梅.中国当代城市环境设计的美学分析与批判［M］.北京：中国建筑工业出版社，2008.
③ 季蕾.植根于地域文化的景观设计［D］.南京：东南大学，2004.

城更新等。

1.2 研究意义

1.2.1 研究理论意义

城市景观是文化的一部分，是城市文化内涵的外在表现，是民族精神文明的载体。当前，在城市规划设计中，传承地域文化、保护地方文脉、创造城市人文景观，是形成城市特色、增强城市竞争力的必经之路。

人们普遍认识到保护和建设人文景观的重要性，但如何传承和创新人文景观是一个新的研究课题，在现有的理论和研究成果中难以找到系统性的理论支持。本书在借鉴和结合文化学、哲学、文化生态学、城市规划学、景观学的相关理论以及国内外人文景观研究成果的基础上，对人文景观内涵深入分析，挖掘其文化内涵、特性及构成要素，希望在丰富人文景观理论、景观设计理论及城市规划理论研究方面做一些贡献。

1.2.2 研究现实意义

（1）在当今多民族共同发展的时代与社会氛围里，我国人文景观如何保持和发展，如何面对异域文化的冲击，如何整合中华民族的一体多元文化，如何与世界文化进行交流，如何迎接经济全球化与民族文化多元化的冲突与和谐的挑战，寻求和而不同，这些都是我国在当今时代发展中面临的重大课题。探索人文景观的传承与创新方法，对提升我国城市形象、增强人文景观特色、提高城市对外竞争力具有现实意义。

（2）枣庄是笔者的家乡，拥有7500年的始祖文化、4300年的城邦文化、2700年的运河文化、150年的工业文化，同时，也是齐鲁文化发源地的重要地区，具有深厚的文化底蕴和悠久的历史。枣庄自然和人文资源丰富，是中国古代思想家墨子的故乡，市内有北辛文化遗址、古滕国遗址、古薛国遗址、东江小邾国遗址、偪阳故城以及众多的汉墓和蔚为壮观的汉画像石馆、铁道游击队纪念园、台儿庄大战遗址、中兴国家矿山公园、冠世榴园……研究如何构建枣庄良好的城市人文景观有着重要的现实意义。

1.3 研究对象界定

学界普遍认为人文景观包括物质层面、精神层面和制度层面。本书的研究主要以物质层面为载体，涉及制度和精神层面的内容。首先是因为物质层面是其他层面的基础和载体，通过对物质层面的研究，可以反映出制度和精神层面的内涵；其次，笔者的规划师身份，使其可以将物质空间的研究作为文化传承与创新的抓手，通过着重阐述物质层面的建设结果，便于读者从城市规划的空间视角更好地理解规划专业在文化建设中的贡献。人文景观主要表现为聚落景观，其中又以城市景观最具代表性。因此，本书以枣庄市为例，研究城市人文景观的传承与创新，也为其他城市的人文景观建设提供借鉴。

1.4 相关概念界定

1.4.1 相关概念研究

人文景观首先源于美国地理学家索尔（Carl O. Sauer，1889—1975）于20世纪二三十年代提出的文化景观概念，它强调"文化"是支配人类活动和创立人文景观的核心力量，自然环境只是条件。

我国众多学者对人文景观都有过相关的概念界定。有不少学者认为人文景观是人类创造的景观，是人类物质和精神文明的产物。如：陈兴中强调人文景观的历史性，认为"人文景观地带的形成是人类社会演变发展的阶段性产物，即各个历史时期人类社会、经济、文化景观不断积淀、叠加的结果。人文景观是人类特定时期的物质和精神文明的集中体现"[①]。王其全认为"景观人文是整个人类生产、生活活动的艺术成果和文化结晶，是人类对自身发展过程的科学的、艺术的概括，是物化的历史。景观人文体现着深厚的文化积淀，具有审美价值和审美意义"[②]。赵巧香强调人文景观是人类所创

---

① 陈兴中.人文景观地带系统理论刍议［J］.乐山师范学院学报，2001（3）：79-81.
② 王其全.景观人文概论［M］.北京：中国建筑工业出版社，2002.

造的景观，它的具体组成有建筑物、桥梁、陵墓、园林以及雕塑等①。持有类似观点的还有马国清（2006）②，武惠庭、何万之等（2002）③。

还有不少学者从不同角度给人文景观下定义，如学者裘明仁从旅游业的角度认为"人文景观与以自然景观为主的自然资源，以民俗民情为主的社会历史资源等同为重要的旅游资源。就其本身而言，它又可包括文物古迹、园林名胜、特色建筑、宗教圣地、名人故居、革命纪念地、地方历史、文物、民俗及文化艺术陈列馆乃至现代化都市风貌等历史的或既成的人文景观，还可包括将异地的或历史的人文资源加以移植或再现的人造景观"④。

有些学者则强调了人文景观的艺术性，认为它高于普通实际生活。王朝闻认为，人文景观是艺术家创造性劳动的产物，和普通实际生活的美相比较，它具有"更高、更强烈、更有集中性、更典型和更理想的特点"⑤。

有些学者强调了人文景观与自然景观的区别。汤茂林认为"文化景观是指人类为了满足某种需要，利用自然界提供的材料，在自然景观之上叠加人类活动的结果而形成的景观"⑥。

综上所述，多数学者认为，凡是人参与创造的景观即为人文景观，是人们在日常生活中，为了满足一些物质和精神等方面的需要，在自然景观的基础上，叠加了文化特质而构成的景观。

1.4.2 人文景观概念界定

（1）人文景观概念

与"人文景观"相类似的概念有"文化景观""景观人文"等。本书不去过多辨析各种概念之间的细微差别，基本认同"人文景观"与"文化景观""景观人文"可以通用。黄立燊和白永正在《奥林匹克精神与人文奥运——北京"人文奥运"探析》中总结了"人文就是人本""人文就是文

---

① 赵巧香.城市景观中人文景观创意设计研究［D］.河北工业大学，2007.
② 马国清.人文景观审美特征说略［J］.天水师范学院学报，2006，26（3）：55-57.
③ 武惠庭，何万之.人文景观三题议［J］.合肥教育学院学报，2002（1）：46-50.
④ 裘明仁.人文景观开发之我见［J］.江南论坛，1996（3）：78-81.
⑤ 王朝闻.美学概论［M］.北京：人民出版社，1981.
⑥ 汤茂林.文化景观的内涵及其研究进展［J］.地理科学进展，2000，19（1）：70-78.

化"和"人文就是文明"三种解释。他们认为"人文""文化"和"文明"有时可以通用。①

无论在西方还是在中国，人文都包含"人"和"文"两方面的含义。"人"是"人性""人格"，"文"是"文化""教化"。英语的"人文"（Humanism）来源于拉丁文Humanitas，而拉丁文Humanitas继承了希腊文paidEia，即对理想人性的培养，对优雅艺术的教育和训练。基本含义相同。

在中国古典文献研究中，多数人认为"人文"一词起源于战国末年的《易·贲卦·象传》："刚柔交错，天文也。文明以止，人文也。观乎天文，以察时变；观乎人文，以化成天下。"对于"人文"的含义，因为它的功能是"化成天下"，学者们多认为它有教化的意思。《汉语大词典》把它解释为"礼乐教化""人间世事""人事"等。②人文是指通过知识传授、环境熏陶、社会实践的形式，将人类优秀成果和人文科学内化为人格、气质、修养，并使之成为人的相对稳定的内在品质。也有人认为，人文是指区别于自然现象及其规律的事物，其核心是贯穿在人们的思维与言行中的信仰、理想、价值取向、人格模式、审美趣味，亦即人文精神。③

《辞海》中对"人文"的解释为，人文指的是人类社会中各种文化现象。它的本意是以人为核心，着重体现文化价值和意义。

《辞海》中对"景观"的解释为景域的外观，即地表空间或外貌，并把景观分为自然景观、人文景观，以及自然和人文景观之间的渐移型景观，认为人文景观是人力形成的景观如聚落、都市、道路、港口、厂矿、工厂等。④

自然景观是创造人文景观的基础，自然景观一旦有人的活动的参与就可以被称为人文景观，所以有些学者认为世界上不存在纯粹的自然景观。

学者们普遍认为"人文景观"词汇中，"景观"是物质基础，是"人

① 彭永捷，张志伟，韩东晖. 人文奥运［M］. 北京：东方出版社，2003.

② 罗竹风. 汉语大词典［M］. 上海：上海辞书出版社，1986.

③ 金小红. 论社区人文价值观的重塑［J］. 理论与改革，2001（2）：119-121.

④ 刘振强. 大词典［M］. 中国台北：三民书局股份有限公司，1971.

文"的载体。"人文"是"景观"内涵,是精神实质。

本书对人文景观的定义为古今人类的生活遗存和行为创造的痕迹,是人类文明的载体、人类文化的重要组成部分。本书更强调人文景观的民族性、历史性和地域性,认为人文景观是历史长期积累下来的,是人类文化的积淀和体现,在一定的人文环境中,以自己的语言与符号,表现着一定的文化背景、历史内涵和思想情感,是形成城市地方特色的主要景观组成部分。

(2)传承与创新

人文景观是集多元文化于一身的文化产物,体现并标志着一个国家、一个民族、一个地区的文化水平和文明程度,人文景观是文化的外在表现,文化是人文景观的内涵,所以人文景观在很大程度上具有文化的特性。

民族性、地域性是人文景观的"源"和"本"。"传承"既指继承和弘扬人文景观的民族性、地域性,使人文景观在历史发展中具有稳定性、完整性、延续性等特征。"创新"是人类发展的永恒追求,是在人类长期积累的知识、文化、实践经验的基础上,随着社会的进步,根据时代的要求,做出新的尝试与创造,使人文景观具有民族性、地域性与时代性的统一。

1.5 研究方法与架构

1.5.1 研究方法

(1)文献研究方法

现有的研究文献对人文景观的概念、特性、类别、建设中存在的问题等做了较好的归纳和总结,是本书研究的重要基础和立论依据。本书在借鉴和吸收最新研究文献的过程中,结合文化学、文化生态学、城市规划学、景观学等的相关理论,从理论角度出发,深化对人文景观的认识和剖析。

(2)历史考察法

纵向考察城市历史的发展脉络,把握城市人文景观发展的内外部因素,为今后的发展找寻依据。

(3)案例研究方法

笔者对家乡枣庄进行了深入、细致、系统的调查研究。历史悠久、人文景观富集的枣庄，在城市发展取得一定成就的同时，人文景观的建设也与我国许多城市一样存在较大误区，具有一定的典型性。笔者通过对国内外相关案例进行分析研究，特别是对枣庄进行了重点思考，希望为枣庄今后的发展寻找恰当的途径，同时为我国其他城市的人文景观建设提供借鉴。

1.5.2 研究架构

本书主要分为四个部分（图1.1）。

第一，引言部分（包括第1章）：主要分析了研究的背景、意义，综述了国内外研究现状，提出现有研究的不足之处，对本书的研究对象进行了界定，同时描述了本书的主要研究方法及架构。

第二，理论探讨部分（包括第2、3章）：着重探讨了人文景观的内涵、特性及构成要素，以及传承与创新的实质与辩证关系，并初步建构了城市人文景观传承与创新的研究模式及方法手段。

第三，实证部分（包括第4、5、6、7、8章）：这一部分主要以枣庄市城市人文景观建设为研究对象，结合以上理论研究部分，进行了实证性研究。首先分析了枣庄市人文景观要素及特色，然后找出人文景观在枣庄城市建设中存在的问题，并从精神、制度、物质三个层面解析了问题背后的根源，最后仍从这三个层面入手，提出枣庄人文景观传承与创新的对策。

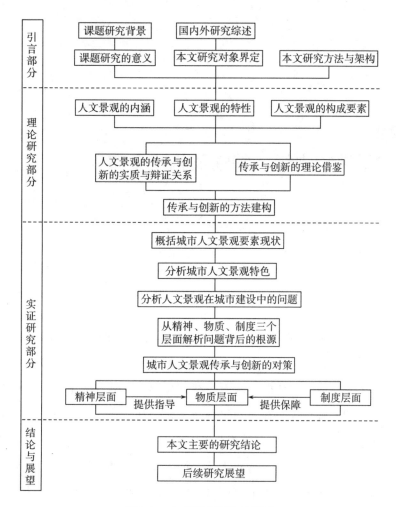

图1.1　本书研究架构示意图

第2章
人文景观的内涵、特性及构成要素

2.1　人文景观的内涵

　　美国地理学家索尔在建立他的文化地理体系（即所谓的伯克利学派）时，强调了景观文化的一面，提出"文化景观"的概念。索尔说，一个特定的人类群体，在他的文化的支配下，在其长期所活动的区域中，必然创造出与其相适应的地表特征。在自然景观向文化景观转化的过程中，"文化是动因，自然条件是中介，文化景观是结果"。文化景观概念的强调，意义在于大地不仅仅被看作人们进行政治、经济、军事活动的舞台，而且是人类的"塑造"对象。人类在对大地表面进行塑造的过程中，不仅仅是寻求功能上的效益，也伴随着浓厚的审美趣味与价值趋向。也就是说，人们既有利用大地为自己服务的一面，又有在大地上表现自身的一面。文化景观是人的自我表现，研究文化景观就是研究人。

　　文化景观的内涵是丰富的，储存的信息量是巨大的。政治的、历史的、思想的、伦理的、美学的信息，无所不容。文化景观则是写在大地上的"文本"。言有万语，书有万卷，地有万里，均"读"不尽也。①

　　人文景观的内涵是人的文化，涉及政治的、历史的、思想的、伦理的、

---

①唐晓峰.人文地理随笔［M］.上海：生活·读书·新知三联书店，2005.

美学的文化等，人文的物质实体表现为人类群体参与创造下的地表景观，即地形地物。刘易斯·芒福德（Lewis Mumford）认为，"城市文化归根到底是人类文化的高级体现"，"人类所有伟大的文化都是由城市产生的"，"世界史就是人类的城市时代史"。"城市是时间的产物，在城市中，时间变成了可见的东西，时间结构上的多样性，使城市部分避免了当前的单一刻板管理，以及仅仅重复过去的一种韵律而导致的未来的单调。通过时间和空间的复杂融合，城市生活就像劳动分工一样具有了交响曲的特征：各色各样的人才，各色各样的乐器，形成了宏伟的效果，无论在音量上还是音色上都是任何单一乐器无法实现的。"[①]

从表象上看，人文景观是物质实体与空间，但它与人们的精神世界是连在一体、密不可分的。城市景观既反映了人类最基本的追求，如衣食住行等方面的差异，又反映了人们利用自然、改造自然的态度差异，更是人们价值观念、思维方式的载体。他的意义主要是指包含在实体空间之中的一套抽象概念、关系、价值和功能等，而非物质实体与空间本身，物质实体与空间只是表征。城市景观深层蕴涵着一个理念世界，是一种精神世界的产物，是一种精神活动的过程与结果，是一种精神的体现和象征，它记载了一个时代的历史，反映了一个社会跳动的脉搏。在一座城市中，城市景观恰恰是反映城市文化的一个最好的载体，人文景观源于文化，具有深厚的文化内涵，我们可以从中感受到浓浓的文化气息和强烈的文化意味。[②]

换句话说，人文景观不仅仅与自然科学和技术的问题相关，还与人的生活和社会文化紧密地联系在一起。设计的根本目的就是创造为使用者着想的环境及其组成部分，以满足使用者的愿望和活动需求。它是为人存在、为人服务的，是人类文化、艺术与历史的重要组成部分。因此，人文景观的设计与文化领域保持着广泛而密切的联系，是基于对人性的理解，合乎人性、利于人性的。而人性中的一项重要内容就是文化属性，设计应体现和彰显文化

　　① 〔美〕刘易斯·芒福德. 城市发展史［M］. 倪文彦，宋峻岭，译. 北京：中国建筑工业出版社，1989.

　　② 魏向东，宋言奇. 城市景观［M］. 北京：中国林业出版社，2006.

的特质。

通常，人们按照理想的图式和观念对城市景观进行设计和改造，这种图式就是文化。反过来，城市景观又对人产生作用，它通过自己的属性及品质直接作用于社会活动及心理精神，且它的这一作用取决于我们对特定生活状态的诠释。从这个意义上讲，城市景观可被看作非语言传达的一种文化形式，文化特性在景观设计中的关键作用由此显现出来。[①]

城市景观具有很强的文化针对性。景观的物质要素和布置方式是传达文化内涵的提示。要使提示有效，首先需要引起足够的注意；其次，提示需要得到人们的理解，这属于文化范畴，如果提示与文化图式不合，或与人们心照不宣的文化知识相去甚远，那就毫无意义。

因此，文化内涵的表达离不开物质性，必须通过物质实体来得到体现。人文景观设计的最终落实还是空间形象的创造，包括运用空间、界面、结构形式、材料等各种景观要素，创造舒适、宜人、优美的人文环境。

2.2 人文景观的特性

人文景观的文化内涵与人和社会同构，使它也具有文化的性质。本书从文化学角度对人文景观的差异性、多元性、延续性和创新性进行了解析，也是对人文景观内涵的进一步阐释。

2.2.1 人文景观的历时性与共时性

人文景观既是由人类活动添加在自然景观上的各种形式，也是人类按照其文化标准，对天然环境中的自然和生物现象施加影响，并把它们改变成为人文景观。在城市漫长的历史演变和发展过程中，城市和人类共同造就了反映城市特征的历史文化，每个历史时代都在城市中留下了自己的痕迹，由此人们按照各自不同的历史背景和人文传统建造城市景观，城市景观便成了直观而立体的凸显城市形象和气质的显性标志及感性认知对象。城市景观的这一特性体现了时间和空间的跨度。每一个国家和民族、每一种文化都有自身

---

① 陈皞.商业建筑环境设计的人文内涵研究［D］.上海：同济大学，2005.

深远的历史渊源[①]，是古今人类社会经济活动、文化成就、艺术与科技的记录与轨迹。因此，内容、形式、结构、格调等都显著地代表着人类发展各个时代，显著地代表着各个历史时期的特征。

人文景观主要表现为古园林、古建筑、古城镇、历史遗迹、文化遗产和民族风情等，所有这些都是人类生产、生活和文化艺术活动的结晶，是各个不同历史时期文化艺术的反映，是物质文明与精神文明的高度统一体。在景观中可以寻找到文化发展的清晰脉络及其历史地位和文化价值。[②]文化在一定的历史条件下形成，并随着历史条件的改变而改变。文化既表现着一个历史的连续过程，又反映着一个历史的发展阶段。于是，人文景观既有了历史的延续性，又有了传统文化与现代文化之间的时代性差别。

文化是人类适应生存环境的社会成果，为人的社会群体所共享，所以文化与民族须臾不能分离，这一特性也深刻地表现在人文景观上，使人文景观带着强烈的民族性。人文景观的创造主体往往是一个社会群体或一个民族，因此必然在风格特点、造型色彩上反映着这个社会群体或民族的特色和意志。

自然界有着多姿多彩的自然事物，变化万千的自然现象，人类有着丰富的文化遗产，千差万别的生产和生活活动。各个地方、各个民族的文化遗产各具特色，包括地区特殊风俗习惯、民族风俗，特殊的生产、贸易、文化、艺术、体育和节日活动，民居、村寨、音乐、舞蹈、壁画、雕塑艺术及手工艺成就等丰富多彩的风土民情和地方风情。[③]通过民族形式的发展，形成民族传统人文景观。

比民族文化更细化的是地域文化。在同一民族文化中，不同的地域也有文化差异。

人文景观受到各地自然地理条件的制约，在各个层面都难免会留下地理

---

① 魏向东，宋言奇. 城市景观［M］. 北京：中国林业出版社，2006.
② 王其全. 景观人文概论［M］. 北京：中国建筑工业出版社，2002.
③ 钟晓辉. 风景区人文景观建设——以福州鼓山风景名胜区为例［J］. 安徽农学通报，2008，14（19）：78-80.

位置、气候、水文、土壤等自然因素的痕迹。自然环境对景观文化的影响在各个层面是有所区别的，物质层面是最为明显和直接的。在遥远的过去，科技不发达、交通不便利，景观物质材料通常就是直接取材于环境自然。由于在不同纬度、海拔和地形等地理环境下，动植物以及其他一些非生物会表现出明显的地域特征，在利用这些景观元素进行造景时当然也会明显地体现出地理地域特性。

另外，人们处于任何一种环境下，都会根据环境特征，提出不同的需求，进行各种改造。相同的地域环境下，人们具有类似的需求，就会出现近似的景观格局和形式，形成人文景观在艺术层面上的地理特性。地理环境影响人们的生活方式，也影响人们对自然的态度以及一些生产关系和社会关系，从而影响人们的社会观念和思维方式等，从人文景观的深层次确立它的地域特性，造成它的地域性差别。①这种地域性的差别也造就了不同地方人文景观的差异，使得各地的人文景观千姿百态，这正是吸引人的地方特色。

文化具有时代性的特征，它反映出当代社会人们的价值取向。人文景观与当代的科学技术有紧密的关联，随着时代的进步，人类的科学技术在改变，引起材料形式的变化，进而影响到人类文化意识，致使人文景观随之变化，因此人文景观具有很强的时代性。每个时代都有与之相适应的文化，并随着时代的变化而变化，来满足人们的不同需求。文化是一定社会的反映，并对一定社会有巨大的影响和作用。每一种人文景观都可以反映出特定时期人类的社会关系和生产生活情况，比如"塔"是在汉朝时期随佛教传入我国的，然而在以后各个时代的发展中，塔的种类形式不但越来越多、各具特点，而且不再是佛教的专有建筑。虽然某些文化因素可能会保持不变，但一个社会的文化始终在随着时代的变化而发展和自我更新。时代文化中还有变化较快的风尚及式样，我们称之为时尚文化。

综上所述，由于历史、民族、地域、时代等特征的不同，产生了城市景

---

① 张群. 景观文化及其可持续设计初探［D］. 湖北：华中农业大学园艺林学学院，2004.

观的文化差异，正是因为这些差异的存在，才塑造了城市独特的气质和与众不同的文化品位。所以优秀城市景观的设计，除了要涉及自然因素外，还要考虑城市的历史文化背景、地区传统、宗教信仰、民俗民风等诸多隐性的文化因素，关注和尊重文化，更重要的是要关注平常的文化、日常的生活、当代人的文化，围绕着人的需要来营造城市景观，做到雅俗共赏。这样的景观设计才能找到一种认同和归宿。

2.2.2　人文景观的多元性

多元性是城市人文发展的基本属性。不同的地域、不同的国家、不同的民族有不同的社会历史形态。不同地区的人居社会时空环境的差异，造成了人文景观的时空性和多元性。众多学者指出，当今社会已经进入了一个文化多元主义的时代，这既是一种语境，又是一种氛围。在这一语境下，人与人之间的接触日益增多，不同的人群、文化、社区、建筑、语言等交织在一起，相互促进，相互学习，组成多彩的人文风貌。每个民族的文化有其相对的独立性，它们之间也相互地渗透和发展。经济全球一体化导致各国联系日益加强，进一步推动了本国与他国间的文化交流，城市在原有传统文化基础上不断吸收、融入外来文化，不断积淀和发展，形成了新的多元文化集合形式。城市的发展是多元化的发展，多元性反映了城市发展的多样化和丰富性的特点。

2.2.3　人文景观的延续性

任何文化的发展，都不能凭空脱离或超越原有文化，都是在原有文化的基础上发展的。同样，生活在一定文化氛围中的人，价值观念、审美心理是持续的，并且带有旧有的痕迹。这种旧有痕迹不仅会使人产生归属感和认同感，还会使人产生一种怀旧感、向往感和留恋感。人们自觉地继承先辈的文化，一般会跟随新时代的需求产生些许变化，但基本文化脉络是延续的。换句话说，文化是有文化基因的，文化基因使文化具有了延续性。

无论是何种文化景观，在不同的时代经历了不同的历史变迁，我们都可以从中找出某些前后关联的脉络、某些一以贯之的特性和理念。每种文化景观的各个变化时段交接之处总是有各种关联，它们不会出现完全的脱节，或者毫无关系。文化景观的其他一切个性都是在传承的基础上而言的。

人文景观随着时间的推移逐渐积累而成，随着科学发展、社会观念的进步，内容不断地得到充实，是文化景观共同体通过世代的累积，在创造、继承和发扬的过程中，连续不断地逐步从无到有、从少到多、从低到高、从简到繁、从易到难而成的。这使文化景观具有源远流长的性质，同时在内容上具有前后一贯性。无论哪种文化景观的形成，都是某些社会群体世代积累的结果，在积累的过程中，逐渐舍弃陈腐、落后的技术和观念，吸纳新的、充满活力的内容。

2.2.4　人文景观的创新性

人文景观的创新性，主要是指文化在其发展中的创造，反映新时代、新生活的新内容。人文景观作为文化综合体现，既要继承和弘扬文化的延续性，也要吸收和体现文化的创新性。

由于技术的传播和全球联系的建立，各个民族在继承本族文化的同时，又借用和吸收其他民族的文化，按照时间序列在特定的区域不断地融合沉积，形成多层文化叠置的、具有多元文化属性和特征的文化景观。人们看到的城市景观中，既有鲜明的地方特色，又有外来文化的烙印。

城市有机会吸引和融会周围地区的文化，对"各路文化"进行综合协调、整理和创新，成为多种文化的汇集之地；城市是各种先进文化汇聚和传播的高层次站点，它代表了时代的主流文化趋势，成为时代文化的辐射中心。城市是文化的创新中心，它不断地创新时代文化，推动社会发展；最后，特定的城市文化一经形成，便具有强大的生命力，会在扬弃、创造的过程中生生不息。[①]

2.3　人文景观的三个层面

在城市发展的过程中，不同历史时期、不同地域的人们创造了不同的城

---

① 赵岩. 人文传统沿袭对城市文化的影响——以天津和巴黎为例的中西方对比研究[D].长春：东北师范大学，2008.

市人文景观。城市人文景观涵盖面非常广泛，体现在三个层面：物质层面、精神层面、制度层面。

2.3.1　物质层面

物质层面，包括城市形态、城市空间布局、城市自然山水景观、城市街区、建筑、绿化、广场、公共设施、道路、雕塑小品、标识、街具等。

物质层面是城市文化的载体，是精神和制度的载体，是精神层面的反映并受制度约束，是为满足城市群体和个体行为活动而创造的物质成果，是城市历史的积淀和文化的凝结，是城市文明的外在表现。一个城市的文化发育越成熟，历史积淀越深厚，城市的个性就越强，品位就越高，特色就越鲜明。城市人文景观的形成是一个漫长的历史过程，现存的城市人文景观是不同历史阶段城市人文景观的叠加，于是形成了城市的浓厚韵味。城市人文景观具有连续性，历史上形成的人文景观将对其后的发展产生重要影响。

人文景观空间结构是影响城市形象的重要因素，是构成物质层面的主要要素。分析结构组成有助于抓住问题的关键，做到有的放矢。凯文·林奇经过调查研究，总结了城市意象五要素——道路、区域、边界、节点、标志，清晰地表达了城市景观的网络特征，对本书在研究城市人文景观格局时有较大的借鉴意义。

2.3.2　精神层面

精神层面，包括城市的传统风俗习惯、价值标准、道德规范、精神风貌及市民的思想、意识、习惯、生活习俗、行为举止、工作状态等。

精神层面是城市人文景观的核心，是形成其他两个层面的基础和原因。城市活动的产生、行为状况都受其支配并反映到城市的物质空间上。

2.3.3　制度层面

制度层面，包括城市的管理制度、行政制度、人事制度、法律法规体系等要求大家共同遵守的办事规程或行为准则。

制度层面是城市人文景观的中间层次，是社会中人们价值观念的能动反映，是精神文化、制度化、规范化的结果，集中体现了城市文化的物质、精神对城市中群体和个体行为的要求，最终也将反映到物质人文景观上。

2.4 人文景观的表达形式

景观生态学中提出景观的结构由斑块、廊道和基质构成，并对斑块、廊道和基质的定义、特性进行了深入研究。

"在这里，斑又称斑块、拼块、嵌块体等，指不同于周围背景的非线性景观生态系统单元；廊，又称廊道，是指具有线或带形的景观生态系统空间类型；基又称基质，是一定区域内面积最大、分布最广而优质性很突出的景观生态系统，往往表现为斑、廊等的环境背景。"①

凯文·林奇认为影响城市意象的五种关键性要素为道路、边界、区域、节点和标志物。

凯文·林奇的城市意象五要素与景观生态学中的景观结构三元素有一定的相通性。区域在某种意义上与斑块有相通性，道路往往是城市景观的重要廊道，节点可以理解为面积较小的景观斑块，边界也可以理解为景观斑块的边缘。

借鉴景观生态学和凯文·林奇的相关研究，本书将城市人文景观的构成要素分为斑块、廊道、节点和基质。斑块、廊道和节点可以认为是影响城市景观的结构性元素，基质是城市的背景元素，这四种元素存在于城市的不同层面中。

2.4.1 空间结构

从城市规划视角看，城市研究的一个重要领域是空间结构和社会过程之间的相互关系。我国许多城市在快速城市化过程中丧失了特色，很重要的原因是对城市特色人文资源缺少有效整合利用。因此，要通过系统性分析城市空间特色构成要素以及各要素间关系，从城市空间整体风貌特色上提出对策和措施，实现对城市空间特色的整体性把握。

（1）面状斑块——人文景观核心区。

面状斑块指在外貌上与周围地区有不同特质的一块非线性地表区域，该

---

① 肖笃宁.景观生态学［M］.北京：科学出版社，2010.

区域文化资源丰富，可以作为城市文化景观的典型代表，有较强的对外吸引力，且具有以下几个特点：

①异质性：即独特性。相对于基质部分，斑块内部元素特质不同于外部基质，表现出强烈的独特性。

②同质性：斑块内部人文景观元素具有高度的同一性，这一同一性也是与外部基质异质性的原因所在。

③丰富性：斑块内部同一性的景观元素无论在数量上还是质量上都明显高于外部空间，具有丰富的文化资源。

④规模大：斑块具有相当大的面积，人在其中可以游玩观赏，可以停留2～3小时以上。

（2）线状斑块——廊道。

线状斑块是与基质有所区别的一条带状区域，在异质性、同质性和丰富性上和斑块类同，只是在空间规模和形态上不同于斑块。廊道空间规模较小，形态呈线状，往往沿城市的重要景观街道或河流空间形成。廊道连接城市各大景观斑块，使城市景观形成网状体系。

（3）点状斑块——节点及重要标志物。

点状斑块是与基质有所区别的点状区域。相对于基质是具有一定面积的区域，相对于斑块面积较小的点状区块。节点往往与廊道有紧密关系，常与廊道叠合于某一空间位置，也可看作廊道在某一空间位置的放大。

2.4.2　基质

在景观生态学范畴中，基质的概念主要为斑块镶嵌其内的背景生态系统，或者是这一区域内的土地主要利用形式。通常所说的基质，主要指这个旅游区域内的地理环境与人文社会特征。在一定的区域内，基质是范围广、连接度高并且在景观功能上起着优势作用的景观要素类型。鉴于基质判定作为景观开发有着至关重要的作用，那么如何确定一个地块的基质呢？一般有以下三条标准。

（1）面积大小判断：与斑块相比，斑块是局部要素，基质是全局要素。基质面积在景观区域中最大，甚至超过现存的任何其他景观要素类型的总面积，基质中的优势也是景观中的主要优势，其主要特质也是该区域主要特质。

（2）连通性判断：斑块与廊道都是在基质基础上存在的。与其他景观要素相比，基质的连通性较其他景观要素高。

（3）控制程度：基质对景观动态的控制较其他景观要素类型大。

2.4.3　城市景观中各元素关系

斑块、廊道和节点可以认为是影响城市景观的结构性元素，各元素之间互相影响。

基质是城市的背景元素，是一个城市的景观本底，体现着该城市的基本特色，是一个城市气质的综合体现。

廊道是连接各城市景观斑块的主要通道，城市廊道可以分为线状廊道、带状廊道、河流廊道，其本质也可以理解为城市斑块，是带状景观。

城市斑块可以理解为城市景观组团、节点，与廊道一起共同体现一个城市的气质，是形成城市基质的重要组成部分。

第3章
人文景观传承与创新的本质与方法建构

3.1 人文景观传承与创新的本质与辩证关系

3.1.1 传承的核心与创新的本源

世界之所以多姿多彩，文化多元化是决定性因素。一个城市之所以与其他城市有区别，就是该地域生活的人们一代代的文化积累形成了特有的城市文脉，这种文脉是有个性的、地域性的。人文景观传承最核心的问题就是它的民族性和地域性。人文景观的传承是文化与主体的有机结合。"传承"不是"传递"，"传递"一词暗含着文化授体与受体的平行关系，往往容易与"文化传播"相混淆。人文景观传承也是通过符号传递和认同来实现的，是指在一个人群共同体（如民族）的社会成员中进行接力棒似的纵向交接的过程。这个过程因受生存环境和文化背景的制约而具有强制性和模式化要求，最终形成人文景观的传承机制，使人文景观在历史发展中具有稳定性、完整性、延续性等特征。传承是人文景观具有民族性的基本机制，也是维系民族共同体的内在动因。

文化传承和创新的民族性和地域性，维系并制约着人类组成家庭、村落等稳定的社会关系，使得人类自身的生产和再生产成为可能。文化是人的共识符号，也是人类结成稳定共同体的依据和内在动力，其中精神文化传承或再生产是这种共同体的内聚和认同的源泉。离开这种精神文化的再生产，有机的社会结构将难以存在和发展，人类自身的繁衍就将受到影响。①

一个城市人文景观民族性和地域性的形成是对历史长期的记录，是对城市精神的总结，有其相对的稳定性，一般情况任何力量在短时期内都是无法改变的。剥离人文景观的民族性和地域性，就等于割断文化的源头，没有文化源头的人文景观，就等于无源之水和无本之木。所以，人文景观要弘扬其民族性。

3.1.2 传承与创新的主体

传承与创新活动的主体是人，但不是个人而是民族群体。创新的关键是靠人，靠民族群体的积极性、主动性、创造性的发挥。人所处的社会是文化的社会，文化对人的影响是全方位、深层次的，它通过作用于人的思想，从而影响人的活动，进而对创新活动产生影响。

人创造了文化，又受文化的支配，人和文化一刻也分不开。人具有社会属性，而社会是由文化有机联系构成的；人具有创造文化和传承文化的能力和要求；人类的文化传承最终为人的社会结构提供要素积累并使这些要素整合为一个和谐有序的系统。一个民族共同体，正是通过传承共同的民族文化，才完成并实现了民族要素的积累和社会的整合，最终结成为稳定的人类共同体。民族文化通过"传→承→积累→传"，随人类自身的代代繁衍而形成文化的再生产和社会的再生产。在这生生不息、无始无终的循环中，每一个社会成员都是这个环链的有机组成部分。某一个环节的脱落，都将影响文化的再生产，而在代际传承环链中的脱节，则直接导致文化的断裂和中止②。

民族文化传承促成民族共同体的不断完善，作为个体的人只有不断地习得该社会所属的群体文化，才能为这个群体所接受。人缔造文化，文化又缔造人。人在适应生存环境缔造文化时，不断注入主体意识而使文化个性化、

---

① 赵世林. 论民族文化传承的本质［J］. 北京大学学报（哲学社会科学版），2002，39（3）：11-18.

② 赵世林. 论民族文化传承的本质［J］. 北京大学学报（哲学社会科学版），2002，39（3）：11-18.

民族化；文化在缔造人时，又不断地对社会的个体注入社会的群体意识而使人社会化、群体化。正因为民族文化传承是一个能动的社会历史过程，每个民族的社会内部又都存在着这样一个能动的传承机制，所以民族文化才能在共同体的精神维系、民族性格的塑造、社会结构的构筑与整合等方面发挥巨大的能动作用。

3.1.3 传承与创新的辩证关系

丹下健三曾经说过："传统是可以通过对其自身的缺点进行挑战和对其内在的连续统一性进行追踪而发展起来的。"①这反映了传统文化内部自身的不断创新与传承的关系。

创新绝非无中生有，如果没有对于历史、传统文化的传承，没有对于传统的批判地继承，创新就成了无源之水、无本之木。文化传承是民族文化存在和发展的必要条件。任何一个民族都是生活在一定的社会文化氛围之中，都是在既定的、从自己先辈那里继承下来的文化条件下开始自己的文化创造活动。当我们以历史的眼光来评价人文景观的发展时，任何一种创新所带来的风格随着时间的积淀也必将成为传统，而这个传统又终将会被另一个创新所打破，于是创新与传承就成为人文景观发展历程中的两条主线，同时或交替地作用。传承与创新在很多时候并不矛盾，传承是为了创新，传承和创新是可以相互促进与转化的。

民族文化的创新并不排斥民族文化的传承，民族文化的传承性特别明显地表现于现代化飞速发展的进程中新旧文化之间的"否定"性联系中。正是这种客观联系的存在，揭示出文化传承性的实质就在于把不同时代的文化联系起来，使过去民族文化的经验更好地服务于一个民族在当代的发展。在传承与创新过程中，应注重民族文化传承中的选择性，根据社会发展的客观要求来确定对于文化遗产抉择取舍的尺度，择取和保存发展那些适合于新时代的文化成分和民族精神，弘扬传统文化的精华。只有从传统文化中吸取有利于民族发展的活力成分的同时，摒弃传统文化中不适合现代化发展的具体形

---

① 冯天瑜，何晓明，周积明. 中华文化史［M］. 上海：上海人民出版社，1990.

式和内容，才能使传承真正起到推动民族文化进步的作用。

总之，传承是创新的必要前提，创新是传承的必然结果。二者是一个过程的两个方面。文化传承对传统文化有所淘汰、有所发扬，从而使文化得到发展。同时，又不断革除陈旧的、过时的文化，推出体现时代精神的新文化，这就是"推陈出新，革故鼎新"。文化创新是在传承的基础上发展，在发展的过程中传承。

3.2 传承与创新的理论借鉴

3.2.1 文脉与文脉主义

文脉（Context）一词，从语言学范畴可直译为"上下文"，意义是用来表达语言、文字的内在联系。它是一个在特定的空间发展起来的历史范畴，包含着极其广泛的内容。[①]从狭义上解释即"一种文化的脉络"。拓展到城市规划领域，文脉是指关于人与其所在的城市的关系，整个城市与其文化背景之间的关系，整个城市文化背景与整个国家悠久历史文化之间的关系。这些关系都是局部和整体之间的对话关系，这些关系之间必然存在着内在的、本质的联系。

文脉主义的设计理念是后现代理念的一种，对现代设计产生着重要影响，倡导设计中应体现深厚的文化内涵。"文脉主义"，又被称为"后现代都市主义"，于20世纪80年代成为后现代建筑的主要流派。

文脉主义主张从传统化、地方化、民间化的内容和形式（即文脉）中找到自己的立足点，并从中激活创作灵感，将历史的片段、传统的语汇运用于建筑（景观）的创作中，但又不是简单的复古，而是带有明显的"现代意识"，经过撷取、改造、移植等创作手段来实现新的创作过程，使建筑（园林景观）的传统和文化与当代社会有机结合，并为当代人所接受。在继承历史的同时，要强调传统的延续不断和传统的丰富性。[②]文脉主义的观点是历

---

① 曲冰.建筑与环境文脉的整合［D］.哈尔滨：哈尔滨工业大学，2000.

② 谭颖.商业步行街外部空间形态及环境塑造——人文精神的复归与文脉主义建筑观的应用［D］.长沙：湖南大学，2001.

史上的城市不是由纯物质因素组成的，城市的历史是一个人类激情的历史，在激情与现实之间的精妙的平衡和辩证关系，使城市的历史具有活力。

3.2.2　文化生态学

文化生态学（Cultural Ecology）研究城市居民与城市固有的文化环境特性之间的关系。城市并不是简单的物质现象或是简单的人工构筑物，它已经同城市居民的各种重要活动密切地联系在一起。文化生态学认为，城市的历史环境、自然环境、社会环境所构成的各种具有地方特色的景观和地方文化，都能通过经济活动、社会活动反映出来，并以可见的物质形态固定下来。同样，这些个性化空间也会在城市居民的深层意识中形成某种信念和价值观，成为凝聚、吸引和生存的动力。[①]

人文景观的传承与创新可以借鉴文化生态学中的遗传和变异理论分析。

文化生态的演化是遗传和变异对立统一的过程，这启发了人们应当在不断寻求先进的思想文化、推动文化生态变异的同时，又不失掉自己的民族精神，以保持文化生态系统的遗传特性；使每一民族群体超越他们所处的时代，又不脱离这个时代；超越他们所处的文化背景，又不背离这个文化背景。只有这样，民族文化才能博大精深、生机勃勃。文化生态中的变异要求人们把握先进文化的方向，任何文化生态系统的重要属性在于它的自我发展的机制，失去了这一机制，就会变得保守与落后；文化生态中的遗传要求人们坚持传统的民族精神，文化生态的变异是在遗传的基础上发生的，这就要求人们应当不断发扬民族精神以维护本民族发展的根基。[②]

3.2.3　新地域主义

新地域主义是建筑学中的理论，它是相对于传统的地域主义来说的。传统的地域主义是一种稳定的、封闭的、实体的静止概念，试图通过简单化地恢复某种已经消失的乡土风格而使城市文化找到自己的位置，这在全球化的强大攻势前，是一种消极文化策略。

---

① 阳建强，吴明伟. 现代城市更新 ［M］. 南京：东南大学出版社，1999.

② 徐建. 文化生态的演化 ［J］. 哲学研究，2008（1）：3-8.

新地域主义相对是一种积极的文化策略，主张积极地面对全球物质文明，通过有效吸收采纳，重建城市精神和场所感。新地域文化的历史观认为，历史本身就是创造出来的积累，一部文化的历史就是一部创造史；未来的文化在今天的创造性活动中诞生，而不是来自对传统的滞留。因此，对待历史，只能创造性改造，而不是绝对地保留，要将传统中有活力的部分，发展到现实中来，而传统文化中的地域特征，则应创造性地转换到社会中来；对于未来，要实行创造性的保留与全方位的开放发展。①

新地域主义的传承与创新方法主要有借鉴、共融、发展与创新。②

（1）借鉴。

借鉴传统建筑文化的空间布局、造型语汇、色彩以及细部装饰等，追求建筑与自然及人文环境的协调，运用现代材料、技术、构造方法，表达历史的含义。其中也涉及价值观念、思维方式等。

（2）共融。

地域性建筑的发展并不等于一味地复古与怀旧，更不是造假，而是在保持原有风貌的基础上，使新旧肌体进行对比与交织，并且经常运用抽象的思维方式与现代技术手段来实现传统与未来共生。

（3）发展与创新。

建筑是衡量当时当地科技水平的标尺，也是观照科技成果运用情况的晴雨表，建筑与科技互融共生。因此在追寻地方特色的同时，运用现代技术与材料来表达过去，将建筑的地域性与时代性相结合。

3.3 传承与创新的经验借鉴

在以往城市规划及景观设计中，在古城保护、城市特色塑造方面对有关传统文化运用的设计手法已有很多研究，一般多集中在详细规划和城市设计中，有许多值得借鉴的地方。笔者借鉴以往的相关研究，主要从传统文化与

---

① 郝俊芳，张春祥.注重城市与文化关系的研究［J］.上海城市规划，2006，67（2）：38–40.

② 张玉明，刘宁.地域建筑文化的传承与创新［J］.科教文汇，2008（4）：194–195.

时代精神的对话与嫁接、传统文化与异域文化共融、异域文化本土化的再创造等方面来探讨人文景观传承与创新的手法。

3.3.1 传统文化与时代精神的对话与嫁接

（1）传统元素+现代技术和材料。

将传统文化元素重新依附在一个新的载体上，为其重新设定一种视觉语言环境，继续应用原有的图形信息。以传统建筑为例，借鉴传统建筑文化的空间布局、造型语汇、色彩以及细部装饰等，运用现代材料、技术、构造方法，在追求表达历史内涵的同时，呈现新颖的现代化气息。贝聿铭先生设计的苏州博物馆（图3.1–3.4），在造景设计上摆脱了传统的风景园林设计思路。而新的设计思路是运用传统文化+现代技术材料为每个花园设计出不同的主题，深入挖掘提炼传统园林风景设计的精髓，用现代设计手法表现苏州传统园林意境，又通过现代材料、材质的运用体现现代感。如：走廊的天窗借鉴了中国传统建筑中"老虎天窗"的形式，自然光从屋顶中间装满遮光条的天窗投入博物馆中，经过过滤的柔和光线形成了独特的光影效果，参观者在不同时段参观都有不同的光影感觉。围合的庭院、钢构玻璃八角亭、曲折的石桥等，既有传统元素，又有现代的时尚感。

图3.1 苏州博物馆模型

图3.2 苏州博物馆走廊的天窗

图3.3　苏州博物馆园内景观　　　　　图3.4　苏州博物馆园内八角亭

中国传统建筑、园林所具备的语汇，体现出对于工艺、材质的运用智慧，具有极高的艺术性和审美价值。如何运用现代的材料、形式、设计手法在营造智慧上延续传统文化意象，将传统文化内涵转化为现代的形式，是当下城市建设面临的挑战。

（2）符号化处理。

图3.5　上海金茂大厦

将精简传统元素运用到现代设计中，也是一种常见的手法。将传统建筑、器物等立体可视形态通过抽象转化为一种符号，重新与现代形态相结合。上海金贸大厦（图3.5）的设计就是一个对传统民俗元素的符号化处理典型的例子，设计师将古典的"塔型"结构运用到摩天大楼的建筑设计中，使整个建筑的比例与中国塔形美学比例相吻合。金茂大厦的外形设计最成功之处恰恰是设计者选择了和建筑物本体相符的传统文化元素（塔形），将之抽象转化后运用到其设计中，同时暗含竹子节节登高之意，使其设计外观既满足建筑要求，又有美观和富有含义的特点。[1]

---

① 孙晓毅. 论中国传统文化元素在艺术设计中的创新应用［D］. 吉林：吉林大学，2006.

（3）传统元素赋予新的含义。

将传统元素赋予新的含义加以运用，使传统与时代用一种巧妙的方式进行对话，往往会起到意想不到的效果，如北京皇城根遗址公园一组雕塑（图3.6）的立意。

北京菖蒲河公园的改造规划设计，以传承中国传统文化，美化生态环境为宗旨。公园入口处的"菖蒲迎春"（图3.7）由6块花岗岩雕成的屏风为背景，衬托着不锈钢锻造的"菖蒲球"，用艺术的手法对菖蒲进行夸张，既点出公园的主题，又寓意菖蒲河的新生。

图3.6　北京皇城根遗址公园雕塑景观　　　图3.7　北京菖蒲河公园"菖蒲迎春"雕塑

（4）传统精神实质的运用。

前面几种方法只是对传统元素、符号的传承与创新，是对人文景观"表象"的传承与创新。传统精神是民族文化的精髓，对传统精神实质的恰当运用是传承与创新的最高境界。有些学者所说的"隐喻法"也是对传统精神实质的运用方法。"隐喻法"强调在新的景观设计中，通过运用象征手段达到对历史环境记忆的目的，而不是试图恢复历史景观。[①]

中国传统美学强调主客统一的"天人合一"的整体意识，常常借物抒情，强调"以形写意""形神兼备"。艺术表现形式不重写实，重传神；不重再现，重表现；注重表现整体造型的气势，而不是对客观对象事无巨细地

---

① 张凡. 城市发展中的历史文化保护对策［M］. 南京：东南大学出版社，2006.

全盘描绘。①

把传统精神作为一种设计理念，成为设计师的一种潜意识，是设计思想形成的一个有机组成部分。摆脱美学传统的物化表象，进入深层的精神领域去探寻，深入领悟传统文化的精神实质，将传统文化中所传达的民族内涵、传统的美学观念与现代设计结合为可视的形态呈现出来。

《园治》上记载，园艺"巧于因借，精在体宜"。苏州博物馆坐落在拙政园西侧，这座现代几何型博物馆建筑淋漓尽致地表达了江南园林特色，巧妙运用水景与忠王府、拙政园相互联通，成为其延伸的一部分，让博物馆融入所在街区的历史风貌。博物馆灰白基调，将建筑与传统的苏州古城融为一体，灰色花岗岩取代了青瓦和窗框。在苏州博物馆开窗的设计上，简约利落的几何形窗框给人一种良好的视觉感受，与苏州园林中古典花窗形成了鲜明的对比，在空间上相互渗透，丰富了空间层次。在视觉上与苏州博物馆极具现代感的几何外形相得益彰，传统设计元素与现代设计完美融合在一起。在博物馆主庭，贝聿铭没有用苏州园林常用的太湖石和黄石，而是在大厅北边创意设计了山水庭院，远景则巧借拙政园的大树为背景，中景假山用花岗岩石片叠成假山，沙硕、石片等材料错落有致地叠在白墙前，"用壁作纸，以石为绘"，近景用水作为屏障，营造出水墨山水画的意境，实现了传统文化精神与现代精神对话与嫁接。（图3.8）

图3.8　苏州博物馆景观

---

① 肖建春，傅小平，陈卓，等. 现代广告与传统文化［M］. 成都：四川人民出版社，2002.

3.3.2 传统文化与异域文化的共融

不同国家的艺术流派有自身独特的魅力，文化总是在相互借鉴、融合、吸收中发展和创新，不能故步自封、停滞不前。应以一种积极的态度消化吸收，为我所用。"规划的'中西合璧'时代已经来临，但在此之前，必须先从学习'外来的'做起，了解其深层意义，才能有真正的中西规划的结合。"①

异域文化通过再创造，以适应当地的地理环境及融会当地文化环境而获得重生。异域文化的再创新需要经过以下几个步骤（图3.9），然后才能运用。

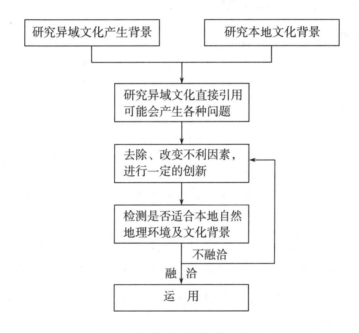

图3.9 异域文化再创新的过程

这实际也是一种文化离析与整合的过程，文化离析，即从异域文化、分离出新的文化形态。去掉消极的、不符合本土文化的部分，通过整合创新，与本土文化相融合，达到异域文化的重生。

———————

① 〔美〕饶及人. 寻找中国城市魂［M］. 北京：中国城市出版社，2007.

3.3.3 其他文化的借鉴

人文景观是人的思想、意识、精神、行为的载体，涉及广泛，与许多学者研究的建筑、景观与美术理论有较大关系，还与其他众多学科有着重要的关联。人文景观与哲学、行为环境学、历史地理、美学、自然科学这样一些大的学科，以及服装设计、广告设计、平面设计、雕塑等一些小的学科门类，都有着千丝万缕的关系。在一些概念、符号上都是可以相互借鉴的，学习借鉴其他学科的文化理念，对人文景观的传承与创新有很大益处。

3.4 传承与创新的方法构建

3.4.1 思想基础

通过对传承与创新的深入理解，确立正确的思想基础，明确传承与创新的方向。

（1）优秀的民族文化、地域文化是传承与创新的主轴。

传承与创新是在社会实践的基础上，着眼于文化的继承。文化的传承与创新必须批判地继承传统文化，"取其精华，去其糟粕"。文化传承不是简单的文化元素传递，而是按照文化适应的规律和要求进行有机地排列组合，为新的社会秩序的建构做必要的文化要素积累。而这一切都要靠群体内的文化再生产实现，并在这个过程中形成一个文化主轴，把群体的文化有机地联结起来，形成集体的共同文化有机体。这个主轴是传承与创新的根源，它可以有转折、有变化，但它的主体脉络在发展变化中应始终是清晰可辨的，始终保持着民族的优秀文化基因。

（2）时代精神的赋予是民族文化具有旺盛生命力的条件。

使传统文化与时代精神相结合，体现时代精神是文化创新的重要追求。时代精神是民族精神的时代性体现，民族精神是时代精神形成的重要依托，民族精神和时代精神是相辅相成、相融相生。实现中华民族伟大复兴，以时代精神激活中华优秀传统文化生命力，以习近平新时代中国特色社会主义思想为指导，运用马克思主义立场、观点、方法，以客观、科学、礼敬的态度，推动中华优秀传统文化创造性转化、创新性发展，使其更好地与当代中国实践相结合、与民族复兴时代主题相契合，必须把时代精神与民族文化有机结合起来、统一起来，以时代精神激活中华优秀传统文化生命力，为民族复兴凝心聚力、立根铸魂。

（3）异域文化有益于催生文化的传承与创新。

不同民族文化之间的交流、借鉴和融合是文化创新的催化剂，有助于开阔视野，明晰自身所长及所短，明确自己民族的立足点；催发灵感，有益于找到民族文化创新的切入点。但借鉴与融合不仅要建立在深入了解自身民族核心要素的基础上，还要深入研究异域文化的来龙去脉，有选择地运用。

总之，传承与创新的思想基础应以传统文化的优秀内核、基因为主轴，综合先进的技术和现代人的需要，赋予创造性的新形式，使其能够反映当今的价值观、文化和生活方式，同时"博采众长"，吸纳异域文化元素，达到自我的优化完善。

3.4.2　基本途径

文化是一种人类的特殊创造，因此，任何文化都离不开产生、发展、演变的过程，而这种产生、发展、演变的过程又离不开一定的时间概念和空间范畴。文化是时间的产物，也是空间的产物。正是这种文化的时间与空间概念，使人们能够感受到文化的历史感和文化生长所具有的依托性。[①]

（1）根据时代要求，实现自我的调整与创新。

根据时代变化，发挥主体能动性，通过对自身文化的离析与整合，进行自我创新与完善。文化离析，即从文化自身内部产生出、分离出新的文化形态。文化离析对民族文化的健康发展具有积极的意义，它可以把文化机体上的衰朽、消极的部分去掉，换上新的、积极的部分，而这新的、积极的、健康的部分又能与整体文化机体保持有机的联系；文化整合，就是把不同的文化要素按照时代的要求和社会的需要，重新建构成一个具有内在有机联系的文化整体。

---

① 陈华文.文化学概论［M］.上海：上海文艺出版社，2001.

（2）借鉴其他地域、民族景观文化。

不同地域、民族景观文化，有不同的特性和优点，挖掘其他民族文化形成原因、背景、功能、构成元素等，选择优良、与本民族文化可以和谐共处、先进、有时代精神的文化元素，弥补自身不足，进行创新。这是同时代下，文化的横向传承机制结果，它可以输出本民族的民间文化，也可以吸收其他民族和地区的民间文化，使自己的民族的民间文化不断更新、不断发展，这是民族文化自身的生存智慧。

（3）借鉴其他类型文化思想。

借鉴其他类型文化思想是指其他各种艺术文化与景观文化之间相互借鉴。各景观文化之间通过物质技术、景观形式的交流，根据各自哲学理念，以自然环境为基础，吸收对自身有利的技术和形式，获取新的养分，得到发展，形成新的创新点。景观文化并不是一个孤立的体系，它是一个处于人类创造的所有文化这个大的环境之中的小系统，需要从环境中不停地吸收养分。它需要从其他各种文学、艺术和科学中吸收养分，丰富、发展自身。它从自然科学中借鉴物质技术，从其他艺术中借鉴各种形式，从社会科学中吸纳各种社会观念，从而在各个层面符合社会需求，形成自身完整发展的系统。景观文化在吸收、借鉴其他文化科学的同时，它自身也在充当其他文化系统的环境角色，给予它们借鉴，与之发生交流。[①]

3.4.3 模式提炼

本节在借鉴以往文化研究理论方法的基础上，从时间和空间角度提炼出城市人文景观传承与创新的模式（图3.10）。

城市人文景观在时间维度上的传承与创新是以城市优秀传统文化脉络为主轴，从物质、精神、制度三个层面以一种螺旋上升的模式不停发展的过程。每一周期的循环都是以城市人文景观特点为基点，对城市人文景观进行解析和整合，继承其优秀的人文景观元素和特点，与此同时注入时代精神和

---

① 张群. 景观文化及其可持续设计初探［D］. 武汉：华中农业大学园艺林学学院，2004.

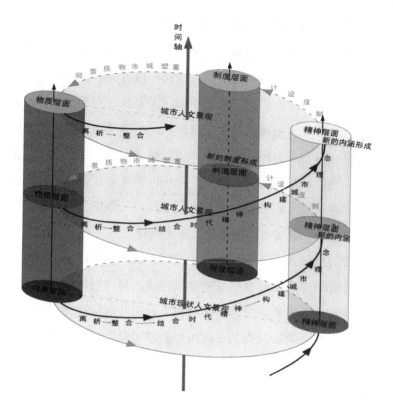

图3.10　城市人文景观传承与创新的时间维度模型建构（笔者绘制）

需求，以此构建城市理念，形成新的思想内涵，这也是一种指导城市景观发展的主题思想。根据这一主题思想制定相应的制度及策略，来引导和控制物质层面的建设和发展，从而达到城市人文景观特点的重塑，这是人文景观传承与创新的一个螺旋上升周期。这一周期的结果也将成为下一个传承与创新的起点，周而复始地继续下去。

　　在空间维度上，本书引进景观生态学中斑块、廊道和基质的概念，建构城市人文景观传承与创新的空间维度模式。斑块指在外观上不同于周围环境的非线性地表区域，本书中主要指人文景观元素较为密集、特色鲜明且可明显区分于周边地域的区块；廊道指不同于两侧基质的狭长地带，本书中指由密集的人文景观要素形成的线性空间，可以依托城市道路或河流等形成；基质是景观中面积最大、连续性最好的景观要素类型，往往被作为景观背景看待，本书中主要指人文景观的细部，如标识、雕塑、铺地、植物配置、街具等的细节处理。本书认为斑块和廊道是形成城市人文景观的框架结构，基质是提升整体环境品质，且使景观更具人性化不可忽视的重要元素，三者应形成良好的对应关系。此外，在城市的不同层面上具有不同层面的斑块、廊道和基质，如斑块可分为区域斑块和节点斑块。区域斑块是指从整个城市的角度和层面来看，以枣庄为例，台儿庄古城区域、工业文化区域、冠世榴园、新城区域等是整个城市的斑块；而每个斑块内部又存在自身的特征元素相对集中的斑块，也就是人们常说的园区内部节点，可称作节点斑块。廊道和基质也是如此，它们随着城市的不同层面变化而变化。

由于历史的发展及自然资源条件的不同，城市中往往形成不同的人文景观斑块。这些斑块中有些具有明显的地域特征，有些则特征模糊难以界定，选择具有良好特征元素的斑块进一步强化，并使其斑块边界明晰化，同时关注廊道的生成。在斑块特征得到一定的加强和明晰后，斑块的势力范围也将进一步得到扩展，在不同斑块之间可能形成不同特征元素的拼贴，并同时促进斑块、廊道和基质形成良好的互动关系；在一定的机缘巧合下（可能是人为也可能是自发），城市中往往呈现一些模糊斑块，在人文景观传承与创新

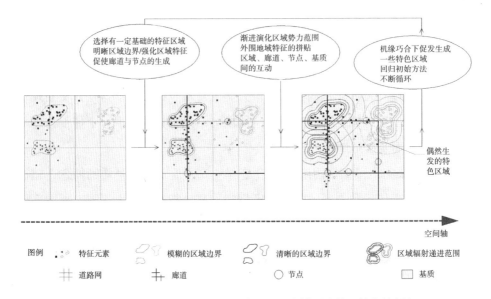

图3.11　城市人文景观传承与创新的空间维度模型建构（笔者绘制）

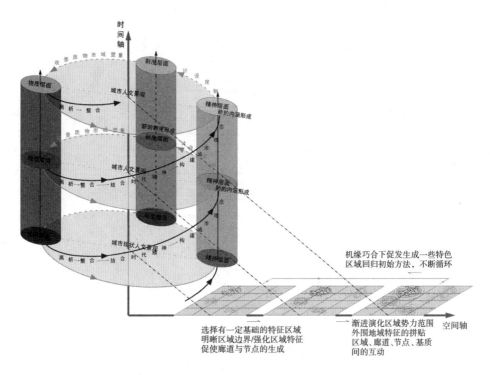

图3.12　城市人文景观传承与创新的时空二维综合模型（笔者绘制）

的下一个周期中，它往往成为选择斑块的对象之一，进而成为下一个阶段的基点。笔者绘制了城市人文景观传承与创新的时空二维综合模型（图3.11）。

城市人文景观的传承与创新就是在时间和空间的综合模式下进行的，见图3.12。

3.4.4　方法构建

在上文提到的螺旋上升式的传承与创新过程中，人文景观的三个层面——精神、制度、物质也在相互影响和相互促进，以一种有机的方法促使这一过程的完成（图3.13）。

通过分析城市变迁与历年规划影响，梳理城市变迁脉络，从整体上把握城市景观特点；通过对历史名胜景观的分析，对现状人文景观特点的归纳总结与解析，整合城市核心人文要素，把握城市景观的文脉主轴。

在此基础上，首先从人文景观的精神层面入手，结合城市时代精神，

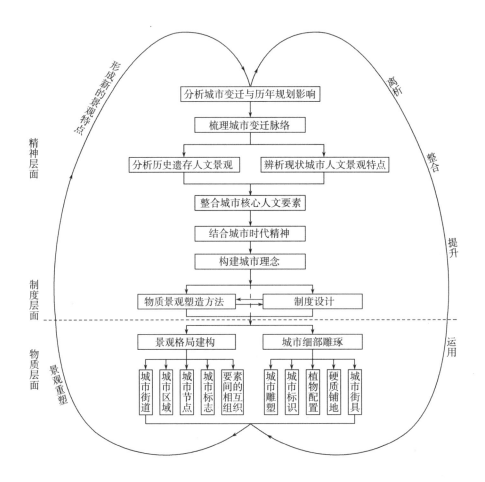

图3.13 城市人文景观传承与创新（三层面有机互动）的方法构建（笔者绘制）

构建城市理念。城市理念的形成对物质层面人文景观传承与创新具有指导意义。然后从人文景观的制度层面入手，在实现城市景观塑造方法上设计适宜的制度，以保障物质景观塑造方法的顺利进行和景观建设目标的圆满完成。在制度层面上，建立围绕传承与创新主体的制度策略，同时建立保障传承机制的制度策略。在物质层面上，首先通过塑造城市人文景观空间格局的重要要素以及他们之间的协调关系，从宏观上构建城市整体格局，然后抓住城市人文景观细部的建设，达到物质空间上人文景观的传承与创新。从上至下的过程是一个离析、整合、提升、运用的过程，从下至上进入下一阶段的循环，重塑的景观特点又成为下一阶段景观重塑的基点。

第4章
枣庄城市历史沿革与人文景观的形成

4.1 枣庄城市历史沿革

枣庄市位于山东省最南部，泰沂山区的西南边缘，史有"北控琅琊，南扼江淮"之说，特别是京台高速、京沪高铁、枣临高速、鲁南高铁开通后，具有"承东启西，沟通南北"门户地位之优势。根据考古发现，枣庄地区新石器时代就有人类聚居，唐宋已形成村落。枣庄地区曾是城邦较多的地区之一，由此形成了融会东西、对接南北的风俗民情和地域人文景观特色。

新中国成立后，枣庄地区仍为滕、峄两县，属济宁专署领导。1950年，枣庄行政区并入峄县，麓水县陈郝区同时划归峄县，改为峄县九区；1958年，峄县县委、峄县人民委员会机关及县直机关单位由峄城迁至枣庄；1960年，峄县改为县级枣庄市，1961年枣庄升格为山东省省辖市，滕县仍属济宁地区，1979年滕县划归枣庄市。随着改革开放的不断深入和经济社会快速发展，枣庄大力实施"工业强市、产业兴市"战略，大力发展高端装备、高端化工、新能源、新材料、新医药、新一代信息技术为主的先进制造业，构建"6+3"现代产业体系，以工业大发展推动经济大提速，以产业大提升实现枣庄大跨越。

枣庄地区城镇发展在历史上是一个曲折的过程（表4.1）。根据文化产业、自然资源等综合分析，按年代顺序可以分为以下类型：位于西部平原区薛城、滕县的早期发育型，位于东南平原区台儿庄一带的运河开发型，位于枣庄主城区的资源开发型。[1]

表4.1 枣庄地区古代主要城镇表

朝代	郡（州、国）城	县城、镇、邑
夏	薛国（官桥）、滕国、偪阳国（涧头集）、鄫国	
商	薛国、滕国、偪阳国、兒国、鄫国	
西周	薛国、滕国、偪阳国、小邾国	
东周	薛国、滕国、小邾国、滥国	
秦	薛 郡	薛县、滕县、傅阳县（涧头集）
西汉	建阳国（南常北）昌虑国（羊庄乡、土城）	薛县、承县（峄城北）、昌虑县、新阳县（陈郝南）、阴平县、合乡县（城头乡内）、都阳县（古邵）、傅阳县、公丘县、建阳县（南常北）
东汉		蕃县（滕）、薛县、承县、公丘县（滕县西南15千米）
三国	昌虑郡（土城村）	承县、蕃县（滕）、薛县、都阳县（阴平）、公丘县
晋		蕃县、薛县、公丘县、承县、傅阳县（涧头集）、昌虑县（土城村）、盛县（夏镇）
宋（南朝）		蕃县、承县、昌虑县、新阳县（陈郝南）、合乡县
北魏	蕃郡（滕）、都阳郡（古邵）	承县、昌虑县、合乡县、蕃县、傅阳县
隋		滕县、昌虑县、兰陵县（峄城南土楼河村）
唐	鄫州	滕县、承县
宋		承县、滕县、兰陵镇（土楼河村）

---

[1] 枣庄市域城镇体系规划说明书，枣庄市城乡建设委员会规划管理处，1986.

续表

朝代	郡（州、国）城	县城、镇、邑
金	峄州、滕州	滕县、承县、兰陵县（土楼河村）
元	峄州、滕州	滕县、兰陵县
明		峄县、滕县、萝藤镇、沙沟镇、邹坞镇、台儿庄
清		峄县、滕县、邹坞镇、临城邑、沙沟镇、台儿庄

（1）早期发育型——西部薛城滕县一带。

在历经夏、商、西周、春秋、战国、秦、汉、三国、晋2000多年的历史时期，是枣庄地区城市的早期兴起和发展的阶段。夏、商封国，秦、汉至两晋设县，分布较普遍，市域范围内，夏商时期先后有封国7个；秦汉时期，文献记载至少有3个以上县治，县城密度之大在当时较为罕见。

（2）运河开发型——西南平原区峄城、台儿庄。

峄城作为县在历史上的出现是从西汉开始，一直延续到南宋，经历10个朝代。金、元两朝由县升州，明清至1958年一直为县驻地。台儿庄镇的兴盛与运河的开发有着密切的联系。运河在枣庄通航始于明代万历年间，台儿庄为明、清重要的水运码头、漕防重镇，明在此设巡检司，清在此设总兵、参将、守备署和县丞，是当时重要的商埠码头，商业十分繁荣，城市人口达5万之多。清咸丰五年，由于河道淤积，洪水排泄不畅，运河两岸屡受洪水决溢之害，当时正处于国外列强不断入侵、国家内忧外患的形势下，清王朝对运河已无力整治，于清光绪二十七年废漕运，沿运河分布的城镇也随之衰落，到新中国成立初城镇人口已不足万人。

（3）资源开发型——枣庄。

枣庄原是老峄县一个古老的集镇，以产煤闻名。据记载，其采煤始于元，盛于明，大都是当地居民自由合伙，时采时停，聚散不常，清初从事采煤者日益增多。1879年采用机器动力，1913年开辟一号大井，1919年有年产百万吨的大矿。但由于历代统治者的腐败及帝国主义掠夺，新中国成立前夕城镇面貌破乱不堪，枣庄作为峄县的一个镇，人口只有1.2万人。1948年以后，随着矿井的恢复和采煤规模的不断扩大，城镇建设以前所未有的速度发展，逐渐形成了新的结构体系，1958年峄县驻地迁至枣庄，1960年升为专辖市，1961年成为省辖市。

4.2 枣庄城市格局演变

枣庄市驻地是个因煤而生、因煤而兴的城市，其城市建设史与"煤"有着千丝万缕的关系。围绕枣庄"煤"的工业发展阶段，结合枣庄立市的时间节点及城市镇化发展，将枣庄的空间格局变迁分为5个阶段。资源开发阶段（第一阶段）：为1961年建市以前，也可称作集镇群初始发展阶段；资源立市阶段（第二阶段）：1961—1978年，工业化初期，矿业发展原始村镇景象与工业文化并存阶段；资源兴市阶段（第三阶段）：1979—1999年，城市快速发展阶段，工业人文景观形成；资源转型阶段（第四阶段）：2000—2010年，实施大规模新城开发建设，形成"一主一副、两轴、两区"的组团式城市发展格局；品质提升阶段（第五阶段）：2011年至今，坚持绿色发展理念，牢固树立"绿水青山就是金山银山"的理念，推动城市绿色发展、高质量发展，城市发展由规模扩张向提质增效方面转变，城市综合承载能力和品质不断提升。

4.2.1 资源开发阶段：1961年建市以前，集镇群落初始发展阶段

据枣庄窑神庙碑记：早在1308年就有人采煤，逐步形成以枣庄、陶庄为中心的大矿井，因人口集中，商业贸易扩大，枣庄便形成一个普通的小集镇。明、清时期，今枣庄市辖区的滕县、峄城、临城、枣庄、台儿庄等城镇，人口居住集中，商业兴盛。运河重镇台儿庄，更是"商旅所萃，居民富给，甲于一邑"[①]。

封建时期的薛城、峄城、滕州曾作为州府驻地，为孤立的行政管理中心，城市据点开发，发展速度缓慢。其城市格局显然受到"方城直街，城外延厢"布局形式的影响，又结合当地自然环境，具有一定的独特性。

---

① 枣庄市地方史志编纂委员会.枣庄市志［M］.北京：中华书局，1993.

　　1878年北洋大臣、直隶总督李鸿章，东明候补知县戴华藻会同当地士绅建立峄县中兴矿局。[①]1899年中兴煤矿公司成立后，中兴矿局股东大会通过了建设中兴街的决议。以中兴矿局为核心，兴办中兴学校、电厂、医院等公共设施，呈棋盘式布局，功能分区较为明确。中兴煤矿公司逐渐成为当时仅次于抚顺、开滦的中国第三大煤矿。枣庄地区民国时期成为苏、鲁、豫、皖交接地带物资重要集散地。1927年，南京国民政府正式将枣庄定为建制镇。

　　1938年日军侵占枣庄，对枣庄煤矿进行了疯狂掠夺、剥削压迫，枣庄镇经济十分落后，街道狭窄、房屋破旧、煤尘飞扬、污水横流。1948年枣庄解放，1957年枣庄煤矿恢复生产。随着枣庄煤矿生产的恢复和发展，枣庄镇的经济开始复苏。镇内的商店、手工业、餐饮业、银行、邮电等行业先后兴起，从此枣庄镇又有了新的生机。从1953年到1962年，城区建设仅仅修建了一条从火车站到邮电局约2千米的灰渣路，城市空间格局变化较小。1958年前城区人口不到2万人，建成区面积1.4平方千米，房屋破旧，十路九不通。公共设施、建筑面貌等都处于无序发展状态，道路沿运输线带状伸展。下图为枣庄市行政区略图（图4.1）。

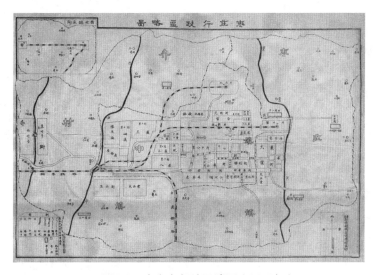

图4.1　枣庄市行政区略图（1950年）

①枣庄市地方史志编纂委员会.枣庄市志［M］.北京：中华书局，1993.

一直到20世纪五六十年代，枣庄的城镇建设形态都以煤炭资源开发为中心向周边辐射。枣庄的矿产开发用地、铁路运输用地规模及位置明显占据着城市的主导地位，并使整个城镇形成了严重分割。其他市民生活用地都是围绕矿产生产空间展开，网格状的城镇空间格局初步形成（图4.2-4.5）。

图4.2 枣庄电厂厂区风貌

图4.3 中兴煤矿公司办公楼

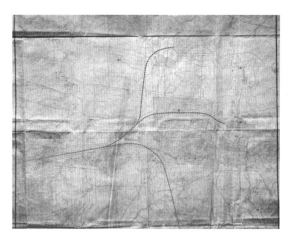

图4.4 1955年枣庄市中区现状图[1]

图4.5 1959年枣庄市中区现状图[2]

4.2.2 资源立市阶段：1961—1978年，工业化初期

1951—1963年，受计划经济体制影响，我国城市建设坚持先生产、后生活，以工业为基础的城市建设导向。1960年，峄县改为县级枣庄市，1961年枣庄升格为山东省省辖市。1962年以前由于当时经济条件等限制，市区建设

① 来源：枣庄市城市建设档案馆：C0202-00008.
② 来源：枣庄市城市建设档案馆：C0202-00008.

无序，街市包围井矿，工人居住区拥挤不堪，城市建筑面貌混乱。枣庄镇范围以大洼街为主，人们俗称"南北七八里，东西一线穿"。

　　1963年，枣庄镇被确定为城市中心，后续几年先后修整了火车站广场，建设了胜利路，拓宽了北马路、解放路、君山路、煤城路、青檀北路等一批城市道路，网格状城市格局进一步形成。随着煤田开发的进一步展开，工矿城市风貌初步显现。

　　枣庄市是以煤炭开采为主的工矿城市，城市建设和其他地方一样，主要是抓生产，一切服务于生产，城市基础设施建设较为滞后。1963年12月，国务院召开第二次全国城市工作会议，提出"为了有计划地逐步改善城市的市政设施，各大中城市应当编制城市近期建设规划，并且修改总体规划"。在这一会议精神指导下，1964年枣庄市政府组织编制了《枣庄市近期修建规划（1965—1980年）》。除此之外，还有1965年枣庄市规划图（图4.6）、1973年市中区规划图（图4.7）。

图4.6　1965年枣庄市规划图①

图4.7　1973年市中区规划图②

①来源：枣庄市城市建设档案馆：C0202-00008.
②来源：枣庄市城市建设档案馆：C0202-00008.

在抓革命促生产的背景下，城市被看作布置国家生产力的基地。工业是城市发展的主要因素和动力，城市生活设施依工业发展而设置的，也是为工业生产服务的；各种设施的规划和建设标准由国家制定，城市规划的主要任务是在空间上安排（或布置）好这些要素，搞好规划布局等。[①]所以这一时期编制的《枣庄市近期修建规划》充分体现了这一特点。城市基本依托中兴矿区，由内向外逐步扩张。工业用地占据着枣庄城区的主导空间，生活用地依据生产空间的需要而布置。为解决煤矿开采与地上压煤建筑的问题，避免地上地下的建设矛盾，改善居住条件和环境，规划拆建旧街坊，充分利用内部闲置地块进行建设，在改善城区面貌方面取得了一定的成效。这一时期城市为呈点状分布的城市形态，城内运煤铁路线穿插分布城中，建筑由茅屋、工棚、砖瓦平房和少量多层楼房混杂，建筑面貌较破旧，表现出早期工矿城镇特征。城市景观逐渐由乡土景观为主转入以工业景观为主。至1977年，城区面积由原来不足2平方千米扩大到4平方千米，城市交通形成脉络，城内的茅屋基本改造成了砖瓦平房或楼房，市区面貌有了较大改观。城市工业由原来的单一型向综合型方向发展，为今后的城市建设打下了良好基础（图4.8）。

（a）20世纪70年代的枣庄市委市政府办公地点　　　　（b）解放路街景

① 邹德慈.中国现代城市规划的发展与展望［J］.城乡建设，2003（2）：9-13.

（c）荆河路街景　　　　　　（d）枣庄街街景　　　　　　（e）青檀路街景

（f）胜利路街景　　　　　　　　　　（g）枣庄矿区风貌

图4.8　资源立市阶段的城市风貌

4.2.3　资源兴市阶段：1979—2000年，城市快速发展阶段

党的十一届三中全会为枣庄市城市经济和城市建设快速发展带来了活力，从根本上扭转枣庄市经济和城市建设徘徊局面（图4.9–4.10）。

1980年10月，国家建委召开全国城市规划工作会议。会议系统地总结了城市规划的历史经验，讨论了《中华人民共和国城市规划法草案》；1980年编制的《枣庄市总体规划（1980—2000）》便是在这一背景下展开的。

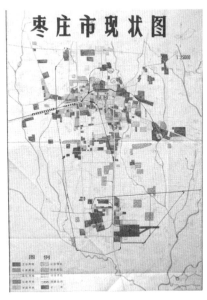

图4.9　1980年市中区现状图①

图4.10　1996年市中区现状图

　　本版规划明确了枣庄市驻地发展布局，建成以煤炭、电力工业为主导，同时带动发展建材、陶瓷、纺织等产业发展的城市；提出了城市建设的基本原则是控制发展，利用现状，逐步淘汰旧区，重点建设新区。对于旧城区采取"控制发展，利用现状，逐步淘汰"的原则，城区整体向南发展，建设新区。新区南部为新的城市工业区，新区北部（原老区南侧）为居住生活区，并在生活区中心建设市政办公、商业、公园等公共设施。规划从工业用地、仓库用地、对外交通、公路运输、居住用地、公共设施用地、绿化用地、市内道路交通等方面做了布局，安排了近期建设内容。

　　总体规划明确了"薛城区驻地是枣庄市的建设重心，全市的政治、科技、文化中心"这一城市性质以及薛城区"城区发展以临山南北为中轴线，向南北东西弹性发展"的发展方向，并在规划期内得到较好贯彻落实。1984年，山东省人民政府以鲁政函397号文批复："薛城是枣庄市远期政治、文化中心"，"枣庄市的建设重心应逐步转移到薛城新区"。

———————————

　　① 来源：枣庄市城市建设档案馆：C0202-00008.

　　本版规划对城市空间的影响主要有以下几个方面：一是提出建设枣（庄）薛（城）经济带，采用节点走廊式的城市布局模式，将枣庄市中区、薛城区作为一个整体来规划。薛城第一次被定位为枣庄市远期的政治文化中心，当时枣庄正处于城市发展的资源兴市阶段（图4.11），规划适应了社会主义市场经济和扩大对外开放的要求，靠煤炭资源的开采及相关产业的发展，带来了枣庄经济的快速发展。此时，枣庄市南工业区（市中区）、八大批发市场、枣庄大观园、三角花园商贸区等陆续建成；枣庄市委党校、枣庄团校、枣庄矿务局（枣矿集团前身）相继在薛城建设，为建设枣庄政治文化中心做好了铺垫。二是本版规划明显具有现代理性规划思想，城市空间格局具有明显的功能分区特征，道路呈网状体系。开始注重现代城市形象建设，对城市公园、文化广场等公共服务设施建设力度进一步加大，展示出较为开敞、具有现代气息、环境优美的城市空间风貌。三是本规划在指导城市发展过程中，发挥了明显作用：铁道游击队纪念碑于1995年抗日战争胜利周年日落成；枣庄高新技术开发区在1997年已逐步形成，兴建了一大批商业体；临山公园初具规模，提升了人文景观品质，彰显了枣庄地方特色文化。

（a）中共枣庄市委办公地点　　　　　（b）枣庄市青檀路街景

（c）枣庄矿区居民区　　　　（d）人民公园　　　　（e）枣庄市振兴路街景

（f）枣庄三角花园　　　　（g）枣庄大观园　　　　（h）枣庄东方红影院

图4.11　资源兴市阶段城区风貌

20世纪80年代，随着枣薛带作为工业发展走廊的作用凸现，枣庄老城区的城市范围开始拓展，修建疏通了城市道路，形成网络骨架，城区面积相应扩大。枣庄城市各种市政设施及城市绿化有了很大改善，城市工业文化景观体系进一步加强，形成具有地方特色的工业景观风貌。

20世纪90年代，随着城市化速度的加快，枣庄的城市面貌发生了根本性变化，城市规模在急剧扩张中，老城区与城南工业区很快连为一体。枣庄更加重视一、二、三产业协同发展。比如，建设了家具市场、服装市场、水果市场等八大批发城，街区中也出现了人文雕塑，峄城区开始开发冠世榴园，薛城区建设了铁道游击队纪念园。城市的支柱产业依然以"黑白灰"产业（煤炭、石膏、水泥）为主，基本形成各类公共服务设施较为完善的城市。所辖区之间都有大面积的农业相隔，形成分散的组群式发展格局。这一阶段的结束点以枣庄市区煤矿的关闭（1999年6月10日）为标志。由于煤炭资源枯竭，枣庄被迫进入城市转型期，如何保护、开发和利用工业文化景观提上城市建设发展的议程。

4.2.4　资源转型阶段：2000—2010年，城市规模扩长阶段

随着枣庄煤炭资源的枯竭、老煤矿的关闭，原有的城市发展体制已经不再适应城市的发展，城市转型迫切需要新的城市总体规划来指导城市的发展，城市人文景观的规划、保护、传承、创新，提到重要议事日程。

1997年12月，山东省城乡规划设计研究院编制完成《枣庄市城市总体规划（1997—2010年）》（图4.12），1999年山东省政府鲁政字〔1999〕182号

文批复。将城市发展定位为山东省重要的能源、建材和煤化工基地，鲁南地区重要的中心城市。这版规划确定在薛城东侧紧靠京福高速公路，依托薛城区、高新技术开发区和枣矿集团驻地建设新城区，为枣庄市行政、文化、商贸及高科技中心。总体规划确定的城市性质用地发展方向、总体布局对枣庄城市发展建设起到了较好的指导作用，拉开了枣庄城市建设的新框架。

本版规划确定用地发展方向是枣庄老城区（市中区），城市用地向西发展，形成"一城六组团"的布局结构；薛城，城市用地以向东发展为主，适当向南、向北延伸，控制向西发展，形成两区、两组团的布局结构；峄城，城市用地沿206国道东侧发展，以向南发展为主，适当向西、向北延伸，以大沙河为界，形成新、老两个城区；台儿庄，城市用地以向西、向北发展为主，适当向东延伸，以大沙河为界，形成"一心、两区、五组团"格局；山亭，城市用地以向西发展为主，并加强与滕州的联系。

本版规划优化了城市空间布局，光明大道已完成拓宽改造，重点打造的枣薛经济带初见成效；调整优化市中、薛城城市用地布局，中心城的职能得到了强化，中心城城市形态正逐步形成。同时，大大促进了城市景观提升，新城区的规划充分体现了以人为本的规划理念，依山傍水、借景入城，巧妙处理人、城市与自然的关系，精心营造山水园林生态城市风貌。

京福高速公路建成通车和京沪高速铁路开始规划，给枣庄经济发展和城市建设带来新的机遇。枣庄开始规划在薛城东侧紧靠京福高速公路，依托薛城区、高新技术开发区和枣矿集团驻地建设新城区，定位为枣庄市行

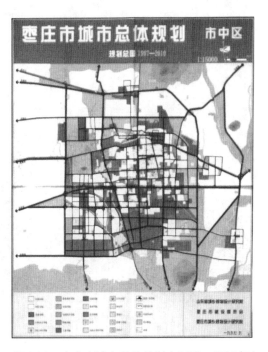

图4.12 枣庄市城市总体规划（1997—2010年）

政、文化、商贸及高科技中心。2000年新城区开工建设，开启了现代新城人文景观建设的新纪元。2004年6月，枣庄市委市政府正式搬迁新城。新城区规划目标定位打造21世纪枣庄市行政中心、文化中心，具有时代精神风貌、良好生态环境、鲜明地方特色、合理城市功能、满足市民多样化需要的现代化山水园林城市。连接枣庄—薛城的光明大道，铁道游击队纪念园、杨峪风景区、凤鸣湖公园等人文景观成为一道亮丽的风景线。

作为中心城的重要组成部分，市中、薛城积极调整优化城市用地布局，加快了城市建设步伐，中心城的功能得到了强化，"一主一副、两轴、两区"城市布局正逐步形成，枣庄现代生态人文景观初步呈现（图4.13–4.14）。

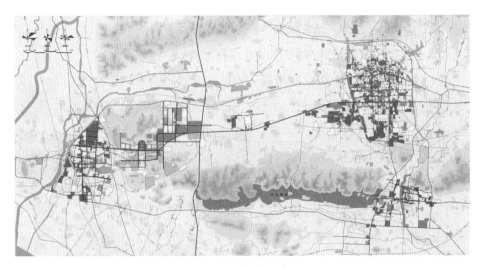

图4.13　2005年中心城区图

（a）光明广场实景图　　　　　　（b）滕州汉画像石馆

（c）枣庄学院实景图　　　　　　　（d）光明大道实景图

图4.14　资源转型阶段城区风貌图

4.2.5　城市品质提升阶段：2011年至今，城市品质提升阶段

2009年，枣庄市是国务院批准的山东省唯一的资源枯竭型城市转型试点市，2005年4月，建设部下发了《关于同意对枣庄市修编城市总体规划的批复》（建规函〔2005〕117号），同意枣庄市组织开展城市总体规划修编工作。

本次规划修编是枣庄处于转型期的重要规划，进一步明确了枣庄中心城区（市中区、薛城区、峄城区）的范围，将市中区、薛城区、峄城区三区作为一个整体来考虑，强化了中心城区的集聚效应，明确了枣庄城市建设重点和开发时序。在中心城发展规模控制、扩展方向确定、空间结构转型、空间形态优化、道路交通建设、居住环境改善、城市形象美化等方面提出了明确要求。

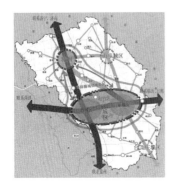

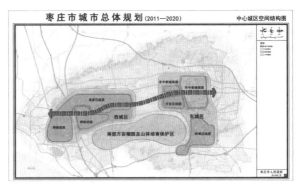

图4.15　市域城镇空间结构规划图 　　　　　　图4.16　中心城区空间结构图

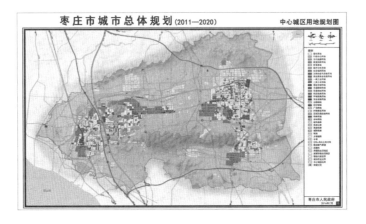

图4.17　中心城区用地规划图

　　本版总体规划实施以来，枣庄城市人文景观有了发展和提升，城市品质和人居环境得到明显改善，是枣庄人文景观建设的一个分水岭。特别是自然保护区、风景名胜区、森林公园、湿地公园、河流水系等基质要素得到较好保护和利用，建设山水园林城市成为各级政府的共识。规划（图4.15-4.17）建设形成"一带两区、四纵七横、一湖八库"市级水网总体格局，构建枣庄现代水网主骨架和大动脉，为枣庄社会和谐发展、经济高效增长、生态快速改善、城乡统筹发展打下了坚实的基础。同时，在城市转型发展的大环境

①　来源：山东省城乡规划设计研究院，枣庄市城市总体规划（2011-2020）.

下，人文景观品质明显提升，将历史文化更多地融入城市公共空间、生产生活的核心价值中去，城市文脉得到复兴和延续，枣庄人文景观得到传承和创新。

截至2021年底，枣庄市建成区面积达221平方千米，BRT通车里程全国最长，实现市域全覆盖。京沪高铁从这里跑出了中国高铁新速度。京台高速完成拓宽提升工程，枣临、枣菏、滨台等高速建成通车。铁道游击队纪念馆、体育中心、文化馆、科技馆、规划馆、博物馆、大剧院等公共场馆正式向市民开放，滕州博物馆、汉画像石馆被评定为国家一级馆。新建一批中小学校相继投入使用。各类景观文体公园、口袋公园建成开放，人均公园绿地面积达到14.91平方米、建成区绿化覆盖率达42.6%，建成区公园绿地率达38.13%，城市道路长度达2148千米。一座现代化工业城市、山水园林城市和生态宜居城市呈现在市民面前（图4.18），枣庄市先后获得国家园林城市、国家卫生城市、国家森林城市、国家双拥模范城市等称号。

（a）枣庄高铁站风貌

（b）滕州城市风貌

（c）市中区城市风貌

（d）山亭区城市风貌

（e）台儿庄城市风貌

（f）峄城区城市风貌

图4.18　城市品质提升阶段的城市风貌

4.3　枣庄历版城市规划对城市格局演变的影响

　　整体来看，枣庄今天能够形成山水相依的大山水格局，与历轮总体城市规划对宏观整体空间意象进行的长期指导分不开。根据对枣庄城市发展过程分析，从1961年建市，1978年在全国改革开放的背景下枣庄迎来了快速发展的阶段；1999年前后枣庄开始推动资源型城市转型，城市景观建设也随着城市规划的变化而进一步得到提升，重点人文景观得到保护，城市景观品质不断提高。尤其是2011年版城市总体规划获得国务院批复后，枣庄城市景观构架更加清晰。在此基础上，为延续山水枣庄人文景观特色，描绘"运河明珠·匠心枣庄"城市形象，枣庄以山水景观为切入点提出了城市景观核心架构，先后组织编制了《大新城区城市风貌规划设计》《蟠龙河湿地保护规划》《西城区水系治理专项规划》《枣庄城市绿道专项规划》《枣庄凤凰绿道片区建设提升规划》等十多项专项规划。同时为增强对历史文化的共识，组织编制了《枣庄市中兴工业遗产集中区保护与再利用规划及中兴大道两侧城市设计》《薛城区城市更新示范片区专项规划》等，以期强化对历史城区传统空间的保护和有机更新（表4.2）。

表4.2 历版规划介绍表

时间节点	规划名称	城市发展方向及重点建设内容
1964年	《枣庄市近期修建规划（1965—1980）》	枣庄为整个市域的政治、经济、文化中心，建设市区改变城市面貌
1972年	《枣庄市城市规划》	市政办公向南搬迁，并在城市南部规划工业园区，城市整体向南发展
1973年	《枣庄市区总体规划》	
1976年	《枣庄市区规划》	
1977年	《枣庄市市区规划》	
1978年	《枣庄市总体规划》	
从1980年开始编制，1984年12月批复	《枣庄市城市总体规划（1980—2000）》	提出建设枣（庄）薛（城）经济带，枣庄驻地是全市的经济中心，薛城是枣庄市的政治、文化中心
1986年编制	《枣庄市域城镇体系规划》	薛城远期是全市政治、科技、文化中心，枣庄和滕县为区域副中心
1990年修编	《枣庄市城市总体规划》修编	提出枣庄驻地是全市的经济中心，薛城是枣庄市的政治、文化中心
1993年编制，1994年11月批复	《枣庄市城市总体规划》修编	确定枣庄为全市的政治、经济、文化中心，并确定依托枣庄建设新城
1997年编制，1999年省政府批复	《枣庄市城市总体规划（1997—2010）》	明确薛城为枣庄市政治、经济、文化中心
2016年国务院批复	《枣庄市城市总体规划2011—2020》	明确市中区、薛城区、峄城区组成枣庄中心城区

注：根据枣庄市城市建设档案馆资料整理

从历次规划中可以看到枣庄中心城区的城市肌理变化，特别是近年来城市转型和文化转型期的人文景观特征变化更加明显，主要有以下特征。

（1）强化辐射带动能力，提升中心城区首位度。

纵观枣庄城市发展演变，一直是单中心集中式发展模式，不能形成集聚效应，辐射带动能力不强。中心城区首位度不高，在产业发展、基础设施、空间布局、区域联动上缺乏统一协调和整体规划，各区人文景观趋同。城市用地功能有待进一步优化调整，在对城市人口增长和产业发展用地方面缺乏发展空间。一方面，由于枣庄老城区基础设施薄弱，城市景观品质需要提升和创新；另一方面，城市整体风貌没有有效借助山、水、林、田等有利条件协同发展，集中优势要素推动区域快速发展。组团式城市结构对于一个发展中的中小城市来说，城市结构过于松散，城市交通不便，基础设施难以形成有效的规模经济，造成城市长期难以集中优势力量快速发展。因此，只有举全市之力，由分散发展向相对集中发展，才能壮大中心城市规模、提升城市品质，增强中心城区的综合竞争力。

（2）优化城市空间结构，构建城市发展新格局。

1998年京福高速公路建设带来的契机，明确了薛城区的政治文化中心地位，城市发展进入新阶段。2011年版规划也从一个新的角度为城市发展指明了方向，从城市发展方向上来看，强调了枣庄中心城区的发展，使中心城区（东、西城区）集聚发展。前瞻性地考虑城市空间发展的需要，按照完善城市功能、突出城市特色、保护城市生态环境的原则，确定中心城区发展策略为"两翼集聚、轴向组团发展"，即积极发展中心城西城区和东城区，引导东、西城区沿光明大道主要景观轴线相向发展，利用两城区之间山、水、林、田等良好的自然景观基质底色，实现集聚发展。

（3）展现地域文化特质，提升城市人文景观。

枣庄建市以来，城市发展形成了"资源开发—资源立市—资源兴市—资源转型—品质提升"五个阶段。各个阶段都展现出不同的风貌特征，唯独不变的是枣庄特有的自然山水禀赋，基本保留了最初的山水空间格局。从城市美学价值的视角来看，枣庄城市空间景观发展演变可以划分为"形成—失落—重拾—重塑—再现"五个阶段，并以此为基础建立城市特色的基本理念。现阶段要注重追溯城市发展的历史脉络，客观分析城市发展具备的核心资源和优势、存在的短板和制约因素，在此基础上对自然资源利用和城市文化特色建设进一步加强研究。在主城区，以山水为脉，采取"环城绿道、湿地公园、城郊森林公园、滨水廊道"等多种方式，构建全域生态骨架，实现建设空间与生态空间有机融合。老城更新方面，重点优化城市形态，做优城市的景观，提升基质底色，通过开展城市更新研究、编制全域城市更新专项规划，优化城市整体空间格局，强化对近代工业城市风貌的保护和利用。新城建设方面，重视新老城区的文化传承，充分发挥廊道连接作用，精心建设光明大道、世纪大道东西景观轴，实施城市凤凰绿道提升工程；重点建设核心景观斑块，开展城市建筑高度研究，强化城市重要节点，打开阻碍山水交流、影响城市视线的通廊，使城市景观形成网状体系。斑块提升方面，注意控制景观轴线两侧大尺度城市界面的完整性和连续性，体现明确的城市空间结构，充分挖掘地方历史文化元素，在城市风貌引导上鼓励体现地域文化特征的现代建筑风格，注重公共活力空间打造，构筑彰显城市特色的地标节点，使景观斑块、节点，廊道与基质共同形成展示城市气质的有机整体。21世纪以来，枣庄继承发扬山水、人文特色，逐步建设形成"青山融城，碧水润城，城园辉映"的城市人文景观风貌。

第5章
枣庄市景观要素现状与问题

前文对人文景观的内涵、特性及构成要素进行了辩证分析与系统总结，并借鉴有关理论，构建了城市人文景观传承与创新的研究模式，探讨了城市设计中的传承与创新手法。从本章开始，本书以枣庄为研究对象，进入实证研究阶段。

人文景观要素是枣庄城市规划设计的源泉，挖掘枣庄人文景观要素，是枣庄市人文景观传承与创新的基础工作。本书通过实地调查走访、资料查询、问卷调查等方式，对枣庄人文景观要素开展深入研究，对枣庄历史上曾存在的人文景观进行分析，进而对枣庄人文景观现状进行归纳、评价。

2022年，枣庄市辖市中区、薛城区、峄城区、台儿庄区、山亭区、滕州市等6个区（市），设65个镇（街），2336个村（社区）（图5.1）。枣庄丰厚的历史文化景观，遍及各个区（市），且各具特色。

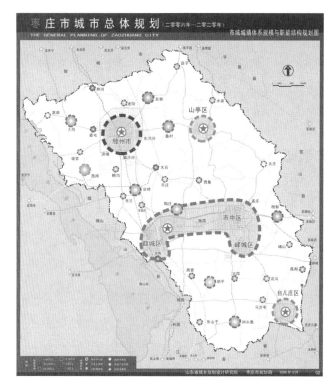

图5.1　枣庄城镇体系规模与职能结构规划图

5.1　枣庄人文景观要素概述

枣庄历史悠久，可以用四组数字来概括：7500年的始祖文化、4300年的城邦文化、2700多年的运河文化、150年的工业文化。可以说，枣庄的历史变迁和文化遗迹都从这四个数字而来。枣庄环境优美，人文荟萃，既有丰富的人文景观，也有多彩的自然景观。以人文旅游资源为主的景点38处，以自然旅游资源为主的景点32处，另有12种节庆活动和地方旅游活动，分布在各个区（市）。

枣庄源远流长的历史，留下了很多人文景观和传奇佳话，给古今枣庄带来了曾经的繁华和现代的发展资源（表5.1）。老峄县的八大景，是多少代枣庄人记忆中的乡愁；千年运河台儿庄古城，既是民族精神的象征、历史的丰碑，又是运河文化的承载体，在这里可以看到很多历史的遗迹，它被世界旅游组织誉为"活着的运河""京杭运河仅存的遗产村庄";百年中兴煤矿工业文化是中国近代民族工业发展的一面旗帜,至今许多工业人文景观中的建筑、街道等保存完好,继续发挥着作用;这里还是铁道游击队的故乡,是台儿庄大战发生地,是全国知名的红色文化传承区。

表5.1　中心城区省级以上文物保护单位一览表

序号	名称	时代	位置	级别
1	中陈郝窑址	隋、唐、宋、元	薛城区邹坞镇中陈郝村	国家级
2	中兴煤矿公司旧址	1899年	枣庄煤矿矿里	国家级
3	铁道游击队旧址	近现代	市中区火车站	省级
4	国际洋行旧址	1939年	枣庄火车站货场	省级
5	特委旧址	近现代	市中区南马路113号	省级
6	南常故城	汉	薛城区沙沟镇	省级
7	沙沟遗址	大汶口	薛城区沙沟镇五村	省级
8	奚仲造车遗址	夏	薛城区陶庄镇	省级
9	安阳故城	汉	薛城邹坞镇北安阳村北10米	省级
10	石屋山泉石刻	明代	峄城区榴园镇石榴园内	省级
11	青檀寺	清	峄城区榴园镇冠世榴园内	省级
12	国共谈判旧址	1946年	峄城区法院院内	省级
13	匡衡墓	西汉	峄城区榴园镇	省级
14	基督教堂	1912年	峄城区坛山街道	省级
15	枣庄师范方楼	1912年	峄城区坛山街道	省级
16	枣庄师范铁楼	1912年	峄城区坛山街道	省级
17	冠世榴园	汉	峄城区榴园镇	省级
18	白骨塔	1911年	市中区中心街道	省级
19	王鼎铭墓地	清	市中区西王庄	省级
20	南大堰遗址	商周	市中区西王庄	省级
21	墓山墓群	汉	薛城区邹坞镇	省级

资料来源:《枣庄市城市总体规划文本（2011—2020年）》,枣庄市人民政府,2016年

5.2　枣庄市人文景观特征

该节将"五区一市"人文景观要素的特点进行分类，突出主干，理清枣庄历史文脉。

5.2.1　底蕴丰厚的古老文化

北辛文化、大汶口文化、龙山文化是山东新石器文化体系中的三个时间阶段，在我国原始文化谱系中，占有非常重要的地位。考古发现枣庄市域有20余处遗址，均属这三类文化的遗存。官桥镇的北辛庄村有距今7500多年前的北辛文化遗址，古滕国、古薛国遗址等都是这三类文化的见证（图5.2-5.5）。

图5.2　指甲钵、盖鼎（北辛出土）　　　图5.3　小邾国贵族墓群挖掘现场

图5.4　抱犊崮摩崖石像　　　　　图5.5　中陈郝窑址

　　薛国故城在滕州市张汪镇与官桥镇之间。据记载，薛国是古代黄河下游一个历史悠久的小国。郑樵《通志·氏族》称：薛氏、任姓，黄帝之孙，颛帝少子阳封于此，故以为姓。夏朝时期阳的第十二世孙奚仲，亦封于薛。薛自奚仲至周隐王时，相传三十一世；战国初，齐、魏共灭薛国；秦时降为郡，汉、三国、晋时都设县，南北朝以后逐渐沦为村落。

　　滕作为国的兴起，在历史上比薛要晚，战国时宋国灭滕国，存国七百余年。自秦、汉至今一直设县。战国以前，薛、滕是枣庄市域最昌盛的城市，当时薛国已是拥有六万余家的都会，可见这一带早期城市的繁荣发达，并具有较高的政治地位。

　　滕州出土的汉画像石丰富而又精美，在全国汉画像石分布区中居重要地位。早在19世纪初，滕州出土的冶铁图、牛耕图、纺织图三块汉画像石蜚声海内外，这三块汉画像石是当时生产力发展水平的有力佐证，目前收藏在中国国家博物馆。之后，相继发现的讲经图、羽化升仙图、日月天象图、礼俗图、宴饮图、乐舞杂技图，以及较为少见的纪年画像石，"永元十年""延光元年""元嘉三年"等，构成了滕州汉画像石的独特风格。这些汉画像石内容涵盖宗教、政治、军事、社会生产、文化及当时人们对自然界的朴素认识。目前这些汉画像石陈列在滕州汉画像石馆（图5.6）中，该馆1996年9月建成开放，共收藏汉画像石459块（图5.7）。

图5.6　滕州汉画像石馆

图5.7　馆内汉画像精品

5.2.2 颇具魅力的运河文化

枣庄市台儿庄段运河（图5.8）是整个大运河的关键河段，号为腹里，史称泇河。明清时期成为中转南北货物的集散地，号称"水旱码头"，繁盛时期的台儿庄有"天下第一庄"的美誉。京杭运河枣庄段包括韩庄运河、伊家河等，航道通航里程93.9千米。台儿庄古城是一座南北交融、中西合璧的历史文化名城，由于运河落差大、船闸多，客商滞留的时间长，后来又因枣庄成为华东地区重要的煤炭产地，大量煤炭要通过水路南运，致使南北客商定居台儿庄，从而形成了独特的南北交融文化。台儿庄文化的多样性是大运河上最丰富的，是运河文化最典型的代表。

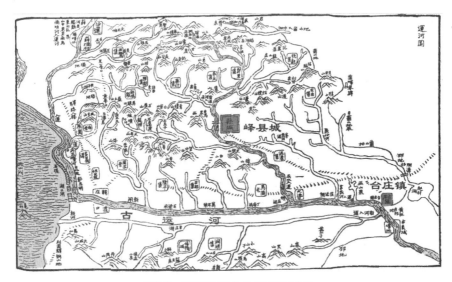

图5.8 明清时期台儿庄段运河图

月河运河段可谓枣庄段运河历史发展的见证，明清时期这里商贾云集，成了运河沿线的商业中心和娱乐场所，融合了鲁南民居、北方大院、水乡建筑、徽派建筑、宗教建筑、闽南建筑、岭南建筑、欧式建筑、七十二庙宇（如寺庙、文昌阁、道观、泰山娘娘庙、妈祖阁、清真寺、基督教堂、天主教堂等），南北文化兼容并蓄。台儿庄月河（古运河城区航道）边上的明清古街区具有"遗产村庄"的性质，拥有山东省内唯一保存基本完好的运河古码头。目前这里依然完整地保存着清朝的界碑、镇守运河的镇水兽、从事货运的水门、完整的"惊龙桥"、反映当时商业鼎盛的"山西会馆"、象征民族融合团结的清真寺等（图5.9）。

（a）台儿庄火车北站

（b）战后台儿庄火车站站房

（c）李宗仁在台儿庄前
线视察战况

（d）李宗仁在台儿庄火车站

（e）古城南门

（f）运河私家码头

（g）运河残墙

（j）清真古寺

图5.9　台儿庄大战前、战中、战后和现存古镇遗迹

1938年，台儿庄大战时古城毁于侵略者的炮火。为传承千年运河文化，弘扬民族精神，促进两岸交流，枣庄市委市政府决定重建台儿庄古城。重建古城项目自2008年开始，于2009年年底一期工程基本完成，2010年5月1日对外开放，台儿庄古城融汇"齐鲁豪情"、兼具"江南韵致"、集"运河文化"和"大战文化"于一体，极具人文魅力，成为沿运河独有、国内乃至世界知名的旅游休闲度假区。古城占地2平方千米，11个功能分区、8大景区和29个景点。台儿庄古城保留了2千米的运河故道、3.4平方千米的城市街道肌理，以及146处文物（含53处战地遗址），城内拥有18个汪塘和15千米的水街水巷，是名副其实的中华古水城，为国家5A级旅游景区，有"中国最美水乡"之誉。重建后的台儿庄古城再现了当年"商贾迤逦、一河渔火、十里歌声、夜不罢市"的繁盛景象。

5.2.3 影响深远的工业文化

作为以煤炭为主的老工业基地，枣庄是中国民族工业的发祥地之一。枣庄也是民族工业的见证地，中国第一家股份制公司中兴煤矿就诞生于此。

枣庄有煤炭可开采的历史，据窑神庙碑碣记载可追溯至元代，1308年前后已经有人在此掘煤开窑，距今大约有700多年的历史，大致经历了五个阶段：一是民间自由开采（1308—1878年）；二是官督商办（1879—1898年）；三是民族资本办矿（1899—1937年）；四是日本侵华期间疯狂掠夺（1938—1945年）；五是全民所有制国有企业（1949年至今）。[①]

1878年成立的中兴煤矿，是枣庄矿业集团的前身，距今已有144年的历史，是当时华商自办的最大煤矿，也是当时中国三大煤矿之一。它拥有"四个第一"和"一个唯一"：中国第一家在清朝末期利用机械化采煤的企业，中国第一家民族股份制企业，发行了中国第一张股票（图5.10），中国近代第一大民族资本企业；中国唯一一家由两任民国总统徐世昌和黎元洪任董事会长、民国总理周自齐和朱桂辛任财务总监的企业，李鸿章、张学良等人都曾是中兴公司的大股东。中兴煤矿（图5.11-5.12）年产量一度达到185万

---

① 苑继平.枣庄运河文化——枣庄煤史［M］.青岛：青岛出版社，2006.

吨，拥有37艘远洋轮船，修建了陇海线，参与建造了上海港、江阴港、连云港、青岛港、汉口港。

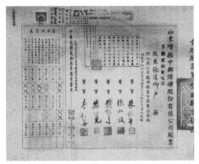

图5.10　中国第一张股票

图5.11　中兴煤矿公司第一大井

图5.12　中兴煤矿公司全景

　　枣庄因煤而生，因煤而兴，因煤而形成了独特兼容并蓄的鲁南文化，许多贤达志士汇聚于此。他们当中，有清直隶候补道张连芬，中国矿冶工程师邝荣光和德国矿冶工程师富里克、克礼柯，萍乡矿师朱言吾等。他们学习西方经验，思想开放包容，对外开放，对内改革。特别是官督商办的中兴矿局招股集资，大胆引进外资，形成了人才荟萃、民俗风情多元融合的环境，当地的回族与来此开采煤炭的北方和南方人在此融合，形成了多民族、多信仰、多层次的文化格局。

中兴煤矿公司成立后，建设了中新街、兴商街，以及矿务局大楼、中兴学校、电厂、医院等建筑，在矿区形成了煤田、煤文化、鲁南风情、德国建筑等多元融合的人文景观。中兴煤矿公司从而成为当时仅次于抚顺、开滦的中国第三大煤矿。德国人当时参与了中兴煤矿建设，这些建筑大部分是由德国人设计的，既有民国时期建筑风格，又有德国建筑风格的影子，至今仍有多处保存完整的建筑。民国时期由于津浦铁路的通车，水上交通便利，商业得到发展，许多商号兴起，贸易货栈四起，商贾云集，酒业、纺织、饮食都已经形成一定的规模，成为苏、鲁、豫、皖物资重要集散地。[①]

目前，原枣庄矿务局办公大楼区域还留有多处文化遗产（图5.13-5.14），它们承载着丰富的历史信息和文化传统，以无声的语言记载了枣庄这座城市的沧桑变迁。今天的枣庄正处于资源枯竭生产转型时期，但因煤而兴是枣庄城市发展史上不可磨灭的一段历史，遗留下来的工业遗迹，为枣庄的人文景观留下了宝贵财富。

图5.13　枣庄火车站　　　　图5.14　中兴机务楼

5.2.4　慷慨激昂的红色文化

抗日战争期间，中华儿女同仇敌忾，共赴国难，用鲜血和生命谱写了许多可歌可泣的抗敌篇章，台儿庄战役在我国的抗战史上有着重要的地位和意

① 枣庄市地方史志编纂委员会.枣庄市志［M］.北京：中华书局，1993.

义，铁道游击队抗日事迹家喻户晓，为全国人民所传颂。[①]

（1）台儿庄大战遗址。

台儿庄历来是兵家必争之地，从古至今，在这片不足600平方千米的土地上，先后发生过二十余次著名的战役。1938年春，李宗仁将军指挥中国军队在台儿庄城内外与侵华日军血战半月，痛击坂垣、矶谷两个精锐师团，歼敌万余人，台儿庄因此被誉为中华民族扬威不屈之地。围绕台儿庄战役为主题的纪念场馆，主要有台儿庄大战纪念馆、李宗仁史料馆和台儿庄火车站遗址。

图5.15　台儿庄大战纪念馆展陈

台儿庄大战纪念馆，是经中共中央宣传部批准，台儿庄区人民政府于1992年10月12日奠基，投资3000万元兴建，后来又多次扩建的建筑。台儿庄大战纪念馆占地34000平方米，总建筑面积6000平方米。展览馆共有三个展室，建筑面积1400平方米，馆内陈列着台儿庄大战时中日双方资料、文物千余件（图5.15），书画馆珍藏着参战将士和亲属以及著名书画家、政界人士的书画作品近千件。整个纪念馆融展览馆、书画馆、影视馆、全景画馆为一体，弘扬民族精神，进行爱国主义传统教育。馆前38级台阶代表着1938年发生的震惊中外的中日台儿庄大战；24根立柱支撑着白色天棚，象征着中华民族顶天立地，永远屹立于世界民族之林。

李宗仁史料馆紧邻台儿庄火车站遗址，位于古运河畔。台儿庄火车站是清朝光绪二十五年（1899年）由清政府批准建立的台枣专用线，台儿庄大战异常激烈时，蒋介石到此观察战事，李宗仁等多次来台儿庄指挥战斗。战后火车站遭到严重破坏，1993年在原址修复了这座哥特式火车站房。李宗仁先生是中国历史上著名的爱国将领，1938年他指挥的台儿庄大战在中国抗战史

---

① 苑继平.枣庄运河文化——枣庄战事［M］.青岛：青岛出版社，2006.

图5.16 李宗仁史料馆

上写下了光辉的一页。1999年台儿庄区政府将这幢建筑改为李宗仁史料馆（图5.16），为这座老车站站房赋予新的功能和使命。李宗仁史料馆的建成开放，为促进海峡两岸交流和祖国的和平统一起到了积极作用。老车站是在特定历史环境下的交通设施，一些相关的历史事件均在这里留下了印记，具有深厚的历史人文气息。

（2）铁道游击队党性教育基地。

铁道游击队党性教育基地包括九大组成部分：一碑，铁道游击队纪念碑；一廊，铁道游击队将军碑廊；一馆，铁道游击队纪念馆；一城，铁道游击队影视城；一墓，铁道游击队"双雄墓"；一园，枣庄人民英雄纪念园；一亭，清风亭；一阁，临山阁；一广场，铁道游击队纪念广场。

① 铁道游击队纪念园。枣庄以保护铁道游击队纪念地为核心，建设了红色文化传承区——铁道游击队纪念园。1995年为纪念抗战胜利50周年，薛城区政府在西侧山头建设包含纪念广场、甬道、纪念碑及碑廊主题公园。2005年，为纪念抗战胜利60周年，在基地北侧建设了铁道游击队影视城（图5.17）。2005年11月铁道游击队纪念园被中宣部确定为第三批爱国主义教育基地。

（a）铁道游击队影视城入口

（b）铁道游击队影视城内部实景图1

（c）铁道游击队影视城内部实景图2

图5.17 铁道游击队影视城

② 铁道游击队纪念馆。铁道游击队纪念馆，由中国建筑学家崔愷设计（图5.18）。铁道游击队纪念馆是铁道游击队党性教育基地的核心建筑，该设计方案采用"碑馆合一"空间布局方式进行规划设计，长158米，总建筑面积约1.15万平方米。纪念馆是对铁道游击队纪念碑为核心内容的丰富和延伸，结合周边环境，将整个建筑融入到园区环境之中。铁道游击队纪念馆（图5.19）横卧在两个山体之间，如同一列火车从丛林中高速驶出，与铁道游击队的主题紧紧相扣。

（a）崔愷和有关领导研究　　（b）崔愷在施工现场指导　　（c）笔者在施工现场
设计方案

图5.18　铁道游击队纪念馆设计建设阶段

图5.19　铁道游击队纪念馆实景

如卡斯泰尔所说："恢复符号意义是处在沟通危机中的大都市世界的一项根本任务。这是建筑在传统上需要发挥的作用，而它比以往任何时候都更重要。各种各样的建筑要在大都市区域奋起挽救，重建符号意义，在流动的空间中标定场所意义。"纪念馆采用了半圆拱这种传统的建筑形式，这种形式在传统火车站及铁路隧道中被大量使用，老火车的形式也是半圆拱形。半圆拱作为整个建筑的主体造型，形成了与铁路主题元素紧密相扣、具有多重隐喻的建筑符号。纪念馆外墙采用了干挂花岗岩的施工工艺。铁路桥梁、桥墩使用现浇清水混凝土建材肌理，原始质朴，一次性浇筑成型，保留原始的清水混凝土饰面，在"线、面、界、缝"等清水混凝土质量环节上精益求精，体现真实的艺术感和强烈的场所感（图5.20）。

（a）火车轨道立柱采用清水混凝土做法

（b）建设中的铁道游击队纪念馆

（c）施工人员在干挂花岗岩外墙

（d）精益求精，测试清水混凝土样品

图5.20 铁道游击队纪念馆施工图

结合山地地形的特点，设计师采用了半覆土的建筑形式，建筑将两个小山连成整体，从南北两侧来看形成逐渐向上的轮廓线。建筑层数为两层，从纪念碑庭院看过去，建筑层数只显露出地面一层，建筑与山体巧妙地融为一体。纪念馆主入口设置在建筑二层平面西侧，位于纪念场地主轴线上，面向铁道游击队纪念碑，人们参观完纪念碑就可以直接进入纪念馆建筑。主入口纪念馆高度为12米，两侧建筑高度为6米，形成中间高、两边低的等边三角构图，使得建筑形象富有庄严的美感。在入口两侧的建筑墙面设置了国际著名雕塑家吴为山先生设计的铁道游击队主题浮雕，两列火车从入口呼啸而出，烘托了入口庄严、宏大的氛围。建筑主体、雕塑、碑廊、纪念碑、山体巧妙地融为一体，极具场所感。

设计师在纪念馆功能布局上独具匠心，建筑平面延续了纪念碑广场的中轴线，平面采用了方正的哑铃型构造，"拱"将东西两部分建筑联系起来，呈水平方向延展。穿过纪念碑庭院，观众从二层进入纪念馆。二层12米的层高为大型的布展提供了空间。拱形屋顶采用了圆形采光天窗，如同火车的烟囱。从门厅进入序厅，两侧分别设置迟浩田、萧华两位上将的题词。火车主题大厅内放置了一列20世纪40年代的蒸气式火车，结合声、光、电等手法设计了展陈内容。同时将下部做成镂空设计，与一层架空广场视线互动，使得展览更加生动。考虑到火车主题大厅的通透性，两侧采用了柱加斜叉支撑的结构形式，在剪力墙抗剪的同时，看起来也像铁路桥的隐喻，增加了铁路战斗主题氛围。火车主题展厅后部位为抗战展厅，围绕铁道游击队这个主题，将不同的铁路元素体现到整体设计当中，建筑采用抽象简洁的造型处理，雕塑及展品运用具象的手法，建筑设计、室内设计、环境设计紧密结合，充分调动参观者的感官，达到生动活泼的红色教育效果。

展陈面积约6000平方米，共由序厅、火车主题大厅、六部分展厅等10个展区（图5.21）组成，全面展示铁道游击队在中国共产党领导下，英勇不屈、浴血抗战的传奇历史，进一步激励枣庄干部群众继续弘扬铁道游击队精神。

图5.21 铁道游击队纪念馆实景图

5.2.5 叹为观止的石榴文化

枣庄市峄城区是著名的石榴之乡，始于西汉成帝年间，距今已有2000年的历史，其石榴种植素以历史之久、面积之大、株数之多、品色之全、果质之优而闻名海内外，为目前我国最大的石榴园林，被上海大世界基尼斯总部认证为"基尼斯之最"，被誉为"冠世榴园"。冠世榴园风景区先后被评为国家AAAA级旅游区、首批全国农业旅游示范点、山东省文明景区、山东省十佳工农业旅游区、山东省第二批省级文化产业示范基地。

冠世榴园风景区在峄城西5000余米的群山之阳，东西长22.5千米，南北宽3千米，面积达80平方千米，有石榴树530余万株、48个品种，是枣庄重要的人文景观。一条自东至西的公路蜿蜒山间，贯穿园中。中部有园中园，制高点有"一望亭"，登高一望，榴山林海。每年的四五月份，榴花盛开季节，红花似火，丹霞一片，白花如雪，榴林尽染，是石榴园最美的时候。一行行，一丛丛，苍劲奇崛的石榴树干千姿百态，形似卧虎盘龙。榴林深处，曲径通幽，淙淙山溪，令人心旷神怡。金秋季节，榴果满枝，这便是一幅喜悦的景象。

　　冠世榴园的东端有一座青檀寺（图5.22），为古峄县八景之一，名曰"青檀秋色"。唐代称云峰山，建有云峰寺，山上多青檀树，故改名青檀山。①在青檀山谷中，生长着两千多棵青檀树，其中千年以上的就有36棵。这里山清水秀，怪石嶙峋，"青檀树植根于岩石中，从岩石中吸取养分，锻造筋骨，终身与石为伴。因而，青檀木质格外坚硬，力可穿岩凿石，又因青檀山崖壁陡峭，怪石嶙峋，檀树与岩石的交合愈发诡异神奇，令人叹为观止。"②谷中深处，一溪山泉水，蜿蜒山间，潺潺南流。自1984年以来，市、区政府对青檀山的风景区进行整修，游人络绎不绝，日渐兴盛。

图5.22　青檀秋色与榴园

①枣庄市地方史志编纂委员会.枣庄市志［M］.北京：中华书局，1993.

②来源：m.zwbk.org/lemma/93600.

5.2.6 独特丰富的风土人情

读一座城市最重要的是读人，读他们的"活法"，读他们的生活方式，因为人们的生活方式最能够体现出一座城市的性格特征。城市人文景观可分为硬质人文景观和"软实力"人文景观。表现当地风俗民情文化的就是一种"软实力"的人文现象（图5.23、5.24）。比如，风俗民情、民间艺术、传统地方戏曲等，它们和当地的城市景观相辅相成、互为补充、相互依存，共同表现在城市整体风貌中。

枣庄具有代表性，能体现枣庄浓郁的风土人情，且具有一定艺术价值的风俗民情有以下几种。

（1）民间渔灯秧歌。

渔灯秧歌又称太平歌。它兴于台儿庄区邳庄一带，隋唐时期，鲁南民间就盛行竹马、秧歌渔灯。秧歌是土生土长的富有地方特色的民间艺术，是一种民间乡会艺术，流行于台儿庄运河两岸，春节期间由村庄自发地到各乡会演出。

（2）柳琴戏。

柳琴戏原名"拉魂腔""拉后腔""拉花腔"等。据《山东省文化艺术志资料》记载，柳琴戏形成于清代嘉庆、道光年间，是当时肘鼓子和滕县花鼓艺人，借鉴柳子戏民间小调演变而成，并根据画上的琵琶仿造出柳叶琴（俗称土琵琶），作为主要伴奏乐器，形成了早期的柳琴调——拉魂腔。

（3）山东快书。

山东快书起源于薛城区沙沟镇戚庄村，创始人戚永立（1886—1944年）。他出生于一个贫寒家庭，排行第三，幼年时期喜爱说唱，凡听过的鼓词之类，两遍后便能背诵。由于家庭贫寒，12岁时便拜蔺亭富（字教友）为师学唱大鼓，学成后便"跑坡"。因他有武术基础，演唱起来，动作精细，演文像文，演武像武，"生""旦""净""末""丑"表演得惟妙惟肖，深受群众欢迎；只要他的竹板一响，听众就互相传邀。直到新中国成立前后，这种演唱形式被定名为山东快书。

（4）运河大鼓。

运河大鼓是一种独具鲁南地方特色的鼓舞形式舞蹈，是大鼓演奏的一

图5.23　民间泥塑

图5.24　运河大鼓

种形式，艺人以坐唱为主，左手持钢板，右手敲鼓，它融合了山东大汉特有的粗犷、威严。运河大鼓，不但地方特色鲜明，接近生活，能够渲染节日气氛，而且能够体现出鲁南人民的秉性以及浓郁的地方民俗、民风，深受老百姓的欢迎。

（5）唢呐。

唢呐在枣庄流传很广，几乎分布全市各地。唢呐乐队被称为"喇叭班"，艺人为喇叭匠子，已成为"红白喜事"等民风民俗场面的主角。现今活跃于鲁南苏北地区的枣庄市民间唢呐班近200个。薛城区的唢呐在全国有很大的影响力，1996年11月薛城区被国家文化部命名为"唢呐艺术之乡"。

（6）伏里土陶。

伏里土陶吸取了各个朝代土陶艺术的优点，具有原始社会新石器时代的型制、浓郁的汉代风韵，明清吸收其他姊妹艺术长处的印痕等特点，形成了自己独特的花纹饰缀手法，根据不同的器形，选用线条纹、乳钉纹、漩涡纹等绘制。如大站狮，巧妙地将几种纹饰结合起来，很有传统气息。1978年，西集镇（原公社）文化站站长甘致有对伏里土陶重新进行了抢救、发掘和整理。1982年，他的作品参加了在中国美术馆举办的山东省民间工艺美术品展览会，得到众多专家赞誉。

（7）鼓儿词。

鼓儿词又称枣庄小鼓、石门小鼓。它起源于枣庄市市中区一带，流传于鲁南、鲁西南和苏北地区。鼓儿词最早可追溯至明末清初，已有400多年的历史，明末进士石元郎是鼓儿词的始祖。鼓儿词是极具枣庄特色的曲艺形式，它不仅历史悠久，而且在表白、念唱及语言、句式上都独树一帜。研究、发掘和整理这一民间艺术形式对于丰富我国传统文化有着深刻的意义。

5.2.7 层出不穷的名人

枣庄人杰地灵，名人辈出，历史中众多才俊豪杰留下千古佳话，他们的非凡才智与浩然正气是历代枣庄人民的精神脊梁，引领着枣庄人民百折不挠，继往开来。本节选出较具代表性的英贤圣哲，以期将这些志士的精神物化到城市的景观中，弘扬名人志士的光辉事迹，成为人文景观文化精神主题（图5.25）。

（1）"造车鼻祖"奚仲。

奚仲生活于夏王朝初年，距今4000多年。他是中国古代伟大的发明家，是薛姓、奚姓、任姓的祖先，也是古薛国（今枣庄境内）的创立者。据《滕县志》记载："当夏禹之时封为薛，为禹掌车服大夫。奚仲生吉光，吉光是始以木为车。以木为车盖仍缵车正旧职，故后人亦称奚仲造车。"[1]奚仲对人类最大的贡献就是发明了世界上第一辆用马牵引的木制车。当时，世界许多古老民族还在以牛马为交通工具时，奚仲创造的木车已驰骋在广袤的华夏大地上，因而被后人称之为"车神""车圣""车祖"。史书载奚仲所设计的车结构合理，各个部件的制作均有一定的标准，还促进了道路设施的发展，有利于各地区之间的联系和信息的传递，扩大了商贸运输活动和文化的交流。随着诸侯战争的加剧，马拉战车应运而生，在军事上发挥了极为重要的作用。

据记载，奚仲当年造车之处在枣庄市境内的薛城奚邑，留下了许多遗址、遗迹和美丽的传说，如奚邑、奚公山、奚公庙（即车服祠）、奚仲墓、奚仲造车处、奚仲驯马场、奚邑古井等，被确认为"造车鼻祖"。

（2）"工匠祖师"鲁班。

鲁班，姓公输，名般，又称公输子、公输盘、班输、鲁般。因是鲁国（今

---

① 编纂委员会.滕县志［M］.北京：中华书局，1990.

奚 仲 夏王朝初年	于薛地（今枣庄境内）创造了世界上第一辆用马牵引的木制车辆，被誉为"造车鼻祖"。
仲 虺 商汤时期	辅佐成汤灭夏，建立商王朝，为一代名相。
鲁 班 公元前 507-444年	我国史上有名的工匠，被尊为工匠的"祖师"。
墨 子 公元前 468-376年	墨子是我国古代伟大的思想家、教育家、科学家、军事家和社会活动家，其核心思想为"兼爱、非攻"。
滕文公 战国时期	滕国历史上卓有贡献的名君，是自孔子以来所推崇的"仁"及"仁政"儒家政治思想的践行者。
荀 子 战国时期	荀子，战国时期赵国人，我国古代杰出的唯物主义思想家、教育家、政治家、文学家，是先秦思想的集大成者。
孟尝君 战国时期	孟尝君称薛公，是"战国四公子"之一，以轻财下士著称，战国时期著名的权变之臣。
毛 遂 战国时期	在赵被围之时，毛遂自荐出使楚国，以超人的智慧和胆略完成了"合纵于楚"、联合抗秦的使命，救赵于危急时刻。"毛遂自荐"成为家喻户晓的成语。
疏广 疏受 西汉中期	叔侄二人因能功成身退、散金故里、不留财于子孙而被后世传颂，时人称为"二疏"。后代许多诗人写诗称颂，如陶渊明、李白、刘因等都曾写诗赞颂。
匡 衡 西汉中期	匡衡，是西汉宣、元、成三朝重臣，汉元帝时曾为丞相，封乐安侯，是历史上一代名相。
贾三近 明 朝 1534-1589年	不但是一代名臣，还是中国长篇言情小说的开山鼻祖，当为世界级的一代文学宗师，其文学著作以《金瓶梅》被世人所知。
张莲芬 1851-1915年	在枣庄创办了中国第一家完全由私人资本自办的民族矿业——峄县中兴煤矿股份有限公司，是中国民族矿业的开拓者之一。
金 铭 1851-1927年	中兴矿局创办人，后为中兴公司重要股东之一，对发展民族工业特别是枣庄煤炭事业做出了突出贡献。
贺敬之 1924年出生	当代诗人、剧作家。
…… ……	

图5.25　历史名人汇总图

山东滕州）人，"般"和"班"同音，古时多通用，故人们常称他为鲁班。

鲁班，大约生于周敬王十三年（公元前507年），卒于周贞定王二十五年（公元前444年）以后，生活在春秋末期到战国初期，出身于世代工匠的家庭，从小就跟随家里人参加许多土木建筑工程劳动，逐渐掌握了生产劳动的技能，积累了丰富的实践经验。春秋和战国之交，由于社会变革，工匠获得施展才能的机会，鲁班在机械、土木、手工工艺等方面都有所发明。

鲁班很注意对客观事物的观察、研究，他受自然现象的启发，致力于创造发明。一次攀山时，手指被小草划破，他摘下小草仔细察看，发现草叶两边全是排列均匀的小齿，于是就模仿草叶制成伐木的锯。他看到小鸟在天空自由自在地飞翔，就用竹木削成飞鹞，借助风力在空中试飞。开始飞的时间较短，经过反复研究，不断改进，竟能在空中飞行很长时间。鲁班一生注重实践，善于动脑，在建筑、机械等方面做出了很大贡献。他能建造"宫室台榭"，曾制作出攻城用的"云梯"，舟战用的"勾强"，创制了"机关备制"的木马车，发明了曲尺、墨斗、刨子、凿子等各种木作工具，还发明了磨、碾、锁等。由于成就突出，建筑工匠一直把他尊为"祖师"。

（3）"科圣"墨子。

墨子，名翟，古小邾国人，大约生活在公元前468至前376年（一说公元前490至前403年），为目夷氏的后裔。墨子是我国古代伟大的思想家、教育家、科学家、军事家和社会活动家。春秋战国时期，墨学与孔子创立的儒学并称"显学"，弟子"充盈天下"。孙中山称赞墨子为"世界第一平等博爱主义大家"，将其与黄帝、华盛顿、卢梭并列为四大伟人。

墨子的核心思想为"兼爱、非攻"，企图用"兼相爱，交相利"的原则来拯时济世；墨子主张"尚贤""尚同"，要求国君不分等级，举用贤才；墨子重视发展生产，主张"节用、节葬、非乐"，尚俭抑奢是墨家的一大特色，也是劳动人民的本色。此外，墨子在教育、自然科学、军事思想等方面有着杰出成就。

滕州市墨子纪念馆始建于1993年，后于2007年进行改造，占地1平方千米，2008年被列入国家AAA级景区。该馆坐落于荆水河滨、龙泉塔畔，是集学术研讨、图书资料收藏、科技教育、参观游览于一体的综合性庭院式建筑群，是展示墨子思想与墨学研究成果、弘扬墨子文化的重要基地。

（4）仁政国君滕文公。

滕文公是滕国历史上卓有贡献的明君，也是春秋战国时期诸侯小国成功的典范。他还是自孔子以来，所推崇的"仁"及"仁政"儒家政治思想的践行者。滕文公在孟子"政在得民"的思想指导下，实行"法先王""施仁政""行井田"等一系列政治举措，使滕国人丁大增，农业生产和手工业发展迅速，成为强国富民之邦，谱写了滕国历史上辉煌的篇章。

人们对滕文公怀有深深的怀念之情，时至今日，滕文公仍然是滕地的骄傲。滕州市在滕国故城附近建有文公台，并设有滕文公祠；为纪念滕文公，以"善国"命名的路、门、村、园等在滕州较多，传承着历史的记忆，与人们共生在这城市中，是人们怀念滕文公的见证。

（5）先秦思想集大成者荀子。

荀子，名况，字卿，又称孙卿，战国时期赵国人，是我国古代杰出的唯物主义思想家、教育家、政治家、文学家。荀子所处的时代，正是诸侯割据局面行将结束，"统一"成为社会发展必然趋势的时代。与此相一致，思想学术的发展也出现了融合的趋向。荀子顺应这一历史潮流，集诸子百家之大成，对春秋战国时期的思想理论做了批判性的总结和继承。他是一位以儒家学说为基础批判地吸取各家之长、自成体系的思想家，是先秦思想的集大成者。现存《荀子》32篇，是荀子思想的集中体现。其中，绝大部分是荀子自己的著述，内容涉及哲学、逻辑、政治、道德等诸多方面。

荀子去世后，被安葬于古兰陵，墓地在今枣庄市峄城东约25千米的兰陵镇南郊，在今峄城北5千米外的十里泉边有"荀子祠堂"。荀子墓历代多有重修。进入20世纪90年代，山东省政府又对其重新修缮，并列为省级重点文物保护单位。

（6）招贤纳士孟尝君。

孟尝君，姓田名文，战国时期齐国人。田文承袭其父田婴的爵位封于薛，称薛公。孟尝君在薛的时候，招揽了许多宾客及一些犯罪逃亡的人。孟尝君倾其家业所有，厚待宾客，因此门下食客达到数千人，一律平等，不分贵贱。孟尝君先后在齐、魏任相国，在门下能士相助下，生平遇难能化险为夷，辅助国家能谋略有方，得到重用，在乱世之中，能立于诸侯之间，传为佳话。

（7）自荐典范毛遂。

毛遂，战国时期，薛人（今滕州市东南）。毛遂自荐的故事早已家喻户晓，耳熟能详。毛遂自幼家境贫寒，但聪明好学，满腹经纶，文韬武略，抱负远大。起初，毛遂投在赵国公子平原君门下三年，一直默默无闻。在赵欲"合纵于楚"、联合抗秦、救赵被围之急的关键时刻，毛遂挺身而出，推荐自己，出使楚国，以超人的智慧和胆略完成了合纵任务，解除了赵国之危。从此"毛遂自荐""脱颖而出"等成语千古流传。

（8）太傅疏广与少傅疏受。

疏广，字仲翁，其侄疏受，字公子。二人生活西汉中期，萝藤是他们的乡梓故里，此地在当时属于东海郡兰陵县（今属枣庄市峄城区峨山镇）。叔侄二人因能功成身退、散金故里、不留财于子孙而被后世传颂，时人称为"二疏"。后代许多诗人写诗称颂，如晋代诗人陶渊明的《咏二疏》、张协的《咏史》、李白的《拟古诗》、元代诗人刘因《咏二疏》等。如今峨山镇萝藤村（古时名叫二疏城），村头有座土台子，俗称"散金台"，正是疏广、疏受叔侄俩辞官归里散金的地方。

（9）"一代名相"匡衡。

匡衡，字稚圭，东海郡承县（今山东省枣庄市峄城区）人。匡衡学习刻苦，精力过人，对儒家经典著作研究很深。特别对我国最早的诗歌总集《诗经》见解独特，使人很受教益。汉元帝时曾为丞相，封乐安侯，食邑六百户。《西京杂记》卷二："匡衡字稚圭，勤学而无烛，邻舍有烛而不逮。衡乃穿壁引其光，以书映光而读之。"后人由此提炼出成语"凿壁借光"。匡衡墓高约5米，直径约25米，墓区遍植林木，墓前有石碑一通，曰："汉丞相乐安侯匡衡之墓"，乃清乾隆四十年（公元1775年）峄县知县张玉树重修匡衡墓时所立。明代又在墓前建碑亭一座，于墓侧筑草房数间为祭祀之所，但历经沧桑，今已荡然无存。新中国成立后，匡衡墓作为地方名胜古迹，得到重点保护。1980年，匡衡墓被枣庄市人民政府公布为市级重点文物保护单位。1991年被山东省人民政府公布为省级重点文物保护单位。1992年，峄城区政府又拨款新建匡衡祠大殿三间，增建牌坊，门坊古朴大方，门匾上"一代名相"四字为著名书法家启功手书，以此纪念一代名相匡衡。

（10）泰山乔岳贾三近。

贾三近，山东峄县（今枣庄市峄城区）人，字德修，号石葵，别号石屋山人，又称太史氏、兰陵散客、宁鸠子、贞忠居士等。贾三近一生历经明朝三帝，他生于嘉靖，仕于隆庆，卒于万历。贾三近所生活的年代正是明朝中后叶，国政废弛、吏治腐败、民不聊生，中国封建历史上由盛入衰的拐点。贾三近有经世之才，是一个敢于直言的政治家。纵观贾氏一生，虽然他也做过太常少卿和光禄寺卿，后期又官至兵部侍郎，但其一生的大部分时间都从事督察和谏诤，是直接服务于大明皇帝的言官。

贾三近还以其极高的文学成就被世人所知。其所著的《滑耀编》中，诸如《书韩愈送穷文后》《书柳宗元乞巧王达欲巧文后》《书杨维祯竹夫人传后》《书方竹轩赋后》《书谢员口神对后》等文，或寓言或类杂文，文笔犀利，妙趣横生，充分显示了贾三近的文学素养和精神气质。

峄城人民为了纪念贾三近，已将贾三近读书和吟诗的三近书院、石屋山泉列为冠世榴园景区的重要景点，并且投资开发了古承水，再现当年"承水环烟"美景。如今，贾三近诗中所题的青檀山，已青檀盘绕，石榴遍野，古寺钟鸣，宝塔入云，游人如织。

（11）民族企业家张莲芬。

张莲芬（1851—1915年），浙江余杭人，在枣庄创办了中国第一家完全由私人资本自办的民族矿业——峄县中兴煤矿股份有限公司，是中国民族矿业的开拓者之一。19世纪后半期，西方资本主义国家将中国变成原料产地和商品倾销市场。而中国的一些有识之士，认识到向西方学习先进科学技术的必要性。洋务运动就是在这样的背景下产生的，张莲芬便是其中的佼佼者。中兴煤矿公司在张莲芬的领导下发展迅速，资本、产量及营销地都有所增长。作为清王朝封建官僚中杰出的一员，张莲芬在清末大变局中，顺应历史潮流，积极学习西方先进科技，追求实业救国，为枣庄历史写下了光辉的一页。

（12）著名士绅金铭。

金铭，1851年出生，回族，祖居枣庄矿西金庄，系峄县八大家（崔、宋、黄、梁、金、田、李、王）之一，中兴矿局创办人，后为中兴煤矿公司重要股东之一，对发展民族工业特别是枣庄煤炭事业做出了突出贡献。金铭于1927年病逝，享年76岁，被埋葬于他的家乡——金庄村北。中兴公司为纪念其光辉业绩，在枣庄南马道金庄街为他建造了一座纪念碑，碑文由清廪生田毓崏撰写，后此碑毁于战乱。

5.3 枣庄人文景观建设现状

近年来，枣庄高度重视发展文化旅游和城市文化品质提升，建设了一大批惠民利民工程，运河古城重建、凤凰绿道建设、蟠龙河治理、西城水系治理、山水林田大会战等项目都取得了成就，群众满意度越来越高。同时还深入挖掘地方文化、弘扬传统文化，保护、修复、开发、建设了墨子文化研究院、鲁班博物馆、铁道游击队纪念馆、微山湖红荷湿地、汉画像石馆、奚仲博物馆、鲁南民俗馆等一系列人文景观，大大提升了城市品质，增强了城市文化综合实力。实施城市更新战略，旧城逐渐摆脱了脏、乱、差的城市面貌，城市道路交通体系逐步完善，居民的居住环境明显提升；实施城市品质提升行动，文体中心投入使用，体育馆、科技馆等六大场馆全部开放，凤鸣湖、南方植物园、龙潭公园、龟山公园等公共设施逐步完善，整体框架全面拉开，极大提升了市民的幸福感和获得感。

本章主要分析多年来枣庄城市建设中存在的问题与误区，并从人文景观的三个层面去分析问题背后存在的根源，主要目的：一是引起关注，吸取教训，避免在新的城市建设中延续已出现的错误；二是探寻问题根源，提出意见建议，为枣庄城市人文景观的传承与创新对策的制定提供理论支撑。

5.3.1 旧城改造中城市记忆的丢失

5.3.1.1 老峄县八大景遗失

说起枣庄历史人文名胜，要首推史上颇具盛名的峄县八大景（图

5.26）。在古峄县的版图上也可清晰查到峄县八大景的位置，《峄县志》及相关文献上都有对八大景的记载和描述。据记载，八大景风景优美且各具特色，亦称作"峄县八景"，简单总结为——三水三山脉，古洞加古台（三水，即承水、十里泉、微山湖；三山，即仙坛山、青檀山、君山；古洞即仙人洞；古台乃刘伶台）的名胜组合。从这里我们可以看到八大景主要以山水自然景观为主，也有人文故事点缀其中，自然与人文的结合，使景观兼具灵气与风韵。

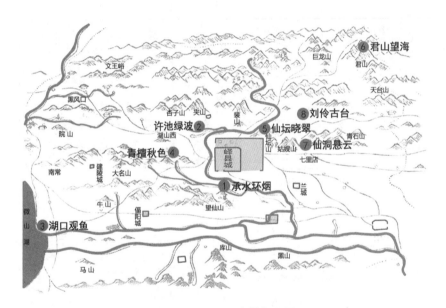

图5.26　峄县八大景位置图

（1）承水环烟。

承水河紧沿峄县西城墙南下，在城楼前的一箭之地便是横跨承水的孺子桥。此处是自台儿庄通往临城官驿古道的咽喉要塞。旭日升，两岸杨柳青青，芳草如茵，笼罩在河床上的一团团蒸气浮在水面上，追随着漩涡的转动而转动，涌现出层层烟环（图5.27）。鸟歌蛙鸣与咆哮的激流奏出和谐的交响乐。

（2）许池绿波。

许池绿波（图5.28）原出许池泉，因距县城十里，又名十里泉。主泉群周围还有几十个无名小泉，星罗棋布，默默无闻地当"配角"。在泉群的源头下，汇集一片平湖。湖边的"许池神龙庙""关帝庙""大佛殿""荀卿祠"及亭台楼阁，掩映于苍松翠柏丛中；一道用天然石砌成的九曲桥横跨水面，并连接湖心亭，平湖四周，垂柳倒影，竹木亮青，以众星捧月之势，烘托着许池绿波。成群的野鸭、水鸟游戏湖中，是游人避暑的胜地。

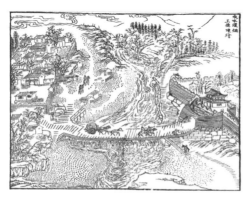
图5.27 承水环烟[①]

图5.28 许池绿波

（3）湖口观渔。

湖口位于微山湖东岸韩庄镇（今属微山县），是大运河从微山湖擦肩而过的出水口。清顺治年间，重修湖口双闸，于两侧加筑了拦湖石坝，为游人提供了湖口观渔（图5.29）的平台。每当昼夜交接的时光，恰是水生物精力最旺盛的时刻。鱼群涌集湖口，追逐戏耍。

图5.29 湖口观渔图

---

① 山东省枣庄市驿城区史志编纂委员会.峄城区志［M］.齐鲁书社，1995.

（4）青檀秋色。

峄县城西八里的云峰山，因山间长满了青檀树，故名青檀山，又名楚王山。《峄县志》记载"一泉在院内，水停不流，水中有青红二蟹……另一泉自石侧出，南流至消家庄东入金注河"。山因水而灵，水因山而秀，青檀秋色（图5.30）因山水益彰而更加绚丽。山中青檀乃是一绝，檀之枝干伸缩宛如虬龙，有盘根突起状若驼峰的，有咬定青山、破石而出的，有在峭壁间横空出世的……其内在美与表象美融于一体，形成"檀石一家"的千古奇观。

（5）仙坛晓翠。

仙坛山亦名凤山，坐落于峄县城北。《峄县志》记载，从古曾州、承县、兰陵郡、峄州、峄县等历史沿革中，虽经十几次改制，三迁城址，但总是以仙坛山为靠山。因此仙坛山是"镇邑之山"，是峄县的象征与标志。仙坛山顶峰雄秀，山体端严，俨如华盖，原始植被郁郁葱葱、万顷一碧。山下城郭、村落竹木浓荫，缭绕着缕缕炊烟，上下一色，远近连青，充满了诗情画意（图5.31）。

图5.30　青檀秋色

图5.31　仙坛晓翠

（6）君山望海。

君山，在峄县城东北七十里，汉代叫楼山，魏晋时叫仙台山，又名抱犊崮。抱犊崮底座像金字塔，顶端呈蘑菇形；造型独特而美观，素有"天下第一崮"之称。君山为"君"，周围的山岭皆臣服脚下。君山离海三百里，当风高气爽之际，观海景、看日出具有理想的能见度（图5.32）。

（7）仙洞悬云。

峄县城东十里，有座一山多峰的青石山，又名进食山、石城山。青石山东峰之阳有仙人洞，以仙人洞为中心周围有玉皇洞、八叉洞、滴水井、无名洞、牛角洞、会真洞、朝阳洞、星星洞等洞穴。夏日，在暴雨乍停、晴空万里之时，蒸气流涌洞而出，向洞外喷云吐雾（图5.33）。仙人洞府周围的庙堂亭台，俨然仙宫的琼楼玉宇。

图5.32　君山望海

图5.33　仙洞悬云

（8）刘伶古台。

刘伶古台在峄县城北十八里的寨山北麓，一个东西长约60米、南北宽40多米的古老的封土堆，人称刘伶醮酒台。刘伶，西晋沛国人，官至建威参军，为"竹林七贤"之一。刘伶生性正直，倜傥豁达，放荡不羁，在朝廷中仗义执言遭受打击，罢官归家，因忧国忧民而无能为力，借酒消愁，常登此高台，边看风景边饮酒，置身于天地之外，怡情于山水之间，狂饮暴醉。刘伶台北半里便是刘伶墓。刘伶

图5.34　刘伶古台

死后留下了酾酒台（图5.34），成就了他"一代酒星、千秋醉仙"的英名，刘伶也成为中国酒文化的代名词之一。

历史上枣庄八大景观，市民至今津津乐道，耳熟能详。遗憾的是这八大景观基本都消失了，如何留住乡愁，留住文脉，增强保护意识，让市民有更多的亲近感和归属感，是我们这一代人的责任。

5.3.1.2　部分人文景观的消失

冯骥才说，城市和人一样，也有记忆，因为它有完整的生命历史。老城既是城市历史和传统文化的重要载体，更是乡愁的载体。老城的价值体现在历史，建筑、美学、环境与功能的多样性、文化的连续性，表现在经济与商业价值等多个维度上。枣庄近年来城市建设取得的成就有目共睹，但也出现了许多"伤疤"和永远的"痛"。在旧城改造中有些文化遗迹被破坏，留下了许多遗憾。

滕州的善园又名"水上商场"，位于滕州市区荆河中路南侧，利用原游泳池改建而成，有诗赞曰："紫云楼阁飞流霞，烟水茫茫知谁家；水上商场人含笑，独秀鲁南一枝花。"善园商场于1987年9月动工兴建，1989年1月1日落成，被市民赞曰："集人民创造之智慧，汇古城山川之灵秀。"善园（图5.35、5.36）有"鲁南明珠、古滕佳境"之称，集购物、观赏于一体，坐落在滕州繁华闹市之中，在车水马龙、高楼耸立的地方辟出一片古朴典雅的天地。其中，春秋阁、上宫馆、文公楼记载着滕州大量的人文历史和传

图5.35　善园昔日景观②

图5.36　善园昔日细部景观

①枣庄市地方史志编纂委员会.枣庄市志［M］.北京：中华书局，1993.

图5.37　枣庄大观园昔日景观

说，此类景观并非当年的遗迹，在忠于历史真实的前提下，为景仰先贤、寄寓幽思，经巧妙设计构筑，集为一园，让游人在观赏中纵观历史风云，感受古滕悠久灿烂文化的意蕴。遗憾的是，2007年善园被拆除。类似案例的还有枣庄的大观园（图5.37）等。

5.3.1.3　地域文化冷落

城市建设过程中，有些值得纪念的人文景观在旧城改造中被逐渐冷落与埋没。如市级重点文物保护单位白骨塔、历史遗迹国际洋行。还有一些虽不是文物保护单位，但仍记载着城市的历史。例如，老矿区被废弃的铁轨线没有得到较好的保护和利用。

闲暇到老矿区走一走，抚摸一下百年矿区的痕迹（图5.38、5.39），感悟一下民族工业辉煌的历史，仰望一下日积月累堆积起来的矸石山，心中会升起许多感慨和对老矿工人的崇敬，老街中的一景一人一物都凝结着先辈的才智和创造。如果在城市建设中忽略对它们的保护和传承，这些历史遗迹就会渐渐消失在人们的记忆里。

图5.38　老矿区火车站站台

图5.39　矿区铁轨线

5.3.1.4　异域文化的植入

进入20世纪90年代以来，随着经济发展及对外开放的进一步深入，在枣庄城市建设中开始出现一些异域文化植入。无论是西方现代的，还是西方传统的，进行吸收，把所谓的"欧陆风"景观符号生拼硬凑在一起，既无神似、也无形似，更谈不上地方文化特点，如1998年某商业项目（图5.40）。

2000年某商业区建设又上演了一场欧式风情，占地约50亩的欧式商务区（图5.41）出现在这里。这片商务区的建设与老矿区的建设格格不入。

图5.40　某商业街街景　　　　　　　图5.41　欧式商务区一角

5.3.1.5　不同文化的冲突

在城市发展过程中，对异域文化融入和借鉴是可以理解的，但是不假思索地移花接木，毫无根据地联系，照单全收"高大洋"，忽视了历史真实性、功能性、风貌协调性，则值得反思。走进某市区，大到一片街区、一栋建筑，小到一尊雕塑、一个广告标识，都可以发现异域文化的"入侵"以及文化间的矛盾冲突给城市带来的伤害。

由某大道进入老城区的入口位置（图5.42），可以看到两座欧式风车怪异地竖立在一栋极具传统风格的石牌坊的两侧，其背景是一栋现代化的高楼大厦。欧式＋传统＋现代，没做任何修饰、呼应，硬生生地将三种毫无关联的构筑物拼在一起。

再看看某地一组景观现象。某地广场是市民休闲、文化展示、文化娱乐、体育锻炼的一处标志性综合场所。广场东临景观河，广场西侧是高耸的地标性建筑——唐代古塔、篆刻长廊、纪念馆和艺术馆，中间是下沉式广场，洋溢着浓浓的传统文化气息。与之形成强烈对比的是在广场的东侧，空荡荡的广场上建设了一处白色张拉膜钢结构舞台（图5.43、5.44），在风貌和功能上，割裂了与唐代古塔、纪念馆等众多文化建筑的联系。

某地运河旁边的清真寺，该寺是清乾隆七年（1742年）由阿訇李中和主持兴建，整体建筑风格风貌庄严肃穆、色调典雅、布局紧凑，具有鲜明的民族特色。多年前，当地人却在清真寺对面建设了两座流光溢彩的皇家风格琉璃瓦四角亭子，与清真寺形成了鲜明对比，不伦不类。在2009年，该地对亭子进行了有机更新，更新后的玻璃瓦亭子景观风貌和清真寺浑然一体（图5.45）。

某区老图书馆是20世纪70年代的标志性建筑，门前两座纪念碑屹立于市中心，承载着历史的印记，却被某公司挂上了两块红彤彤的广告招牌（图5.46）。值得叫好的是，该违建广告已经被拆除。

图5.42　某城区西入口

图5.43　某地广场南侧色彩斑斓的建筑

图5.44　现代的张拉膜与古塔的"对抗"

图5.45　清真古寺与琉璃瓦亭子

图5.46　某区老图书馆与杂乱无章的户外广告

5.3.2　新城建设中城市文化的断层

每一座城市都需要文化的表达，每一座城市崛起都始于文化的崛起。新城与老城有着千丝万缕的关系，从某种意义上来说，就类似于"母与子"的关系。新城不是母城的再造，是在继承母城文化基因的前提下创新和可持续发展。应该从新城的性格中寻找到它与母城共同的文化基因。近年来枣庄在经济上得到快速发展，城市建设日新月异。但与经济上取得的成就相比，与新城区建设的速度相比，文化建设特别是城市的人文景观建设方面还存在不少的问题，产生这些问题原因很多，与国内一些城市一样，有共性的，也有个性的。主要原因有以下几点。

5.3.2.1　各组团连接不紧密

在规划方面，对城市人文景观整体规划不够深入，不够系统。枣庄新城的选址是在京福高速公路和京沪高速铁路东侧。当初选址主要是立足京福高速交通优势，带动枣庄城市发展，但是这个想法忽略了新城与薛城区的联系。高速公路和高铁线横亘在新城与薛城之间，造成新城与薛城区的割裂（图5.47）。而与新城位于高速路同一侧的市中区和峄城区，也分别距离新城30千米和40千米，日常通勤联系不便。新城与其他老城区文化上的交融和信息交流也有一定的阻隔，在构筑新城景观与老城景观的融合上有一定的难度。

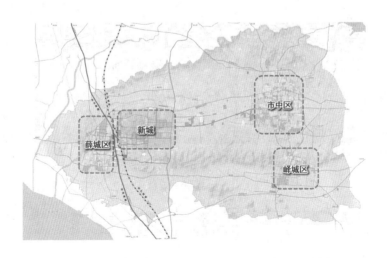

图5.47　新城与薛城区、市中区和峄城区的位置关系示意图

5.3.2.2 城市空间尺度的失衡

尺度失衡和公共空间的缺失是我国许多新区规划建设中出现的问题之一。城市是生活的城市，是人民的城市。任何规划都应以人的需要为标准。追求现代化与人性化城市建设两者之间并不矛盾，简单地把城市现代化理解为标志性高楼大厦、大马路、大广场、大绿地，一味地比"个儿高"，比"体胖"，是不合适的。在有些城市，越来越多的人感到，走在城市里看到的是像流水线克隆出来的"高大"建筑、密集的高楼、拥堵的街道、玻璃幕墙、包装相似的造型、一样的面孔，一个比一个尺度大、体量重，从而导致机械的、冷漠的、无生气的城市风貌。如，新城区城市天际线较为平缓，缺乏变化。沿光明大道标志性建筑没有形成组团，无论是建筑单体还是建筑群体，相互孤立，缺乏联系和协调。近年来，随着双子座、金融大厦、农商银行等商业综合体建成，城市天际线韵律感渐渐体现出来（图5.48）。

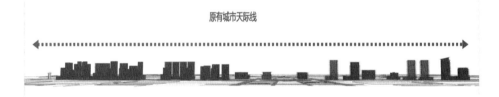

（a）原有城市天际线图

（b）光明大道路南城市天际线实景图

（c）光明大道路北城市天际线实景图

图5.48 现状城市天际线图

5.3.2.3 建筑设计平淡而雷同

吴良镛在《城市特色美的认知》一文中指出"探索中国特色的城镇化

道路'认识城市特色是第一重要的事情'。"当城市在快速城市化道路上快速发展的时候，一些城市"成长的烦恼"也不期而至。如从新城区建筑风格来看，建筑的精度、建筑的厚度、建筑的文化属性没有得到很好地表达，也就是市民常说的没有特色、缺少内涵。单体建筑与单体建筑之间割裂，个体与整体不和谐。有的设计单位过度强调经济效益，批量生产。设计师缺乏绿色设计意识，标准意识淡薄，缺乏创新理念。有的盲目复古，也有的一味崇洋，标新立异（图5.49）。"文化传统的继承一般采用文化符号来表达，但更高层次的建筑设计除了吸收传统的精神外，还要有创新，有突破。"建筑大师梁思成的弟子、古建筑专家罗哲文表示，建筑要随时代前进，只有在传统基础上不断创新，我国建筑才能保持自己旺盛的生命力。在苏州博物馆设计中，世界建筑大师贝聿铭说，"在设计中，我考虑最多的问题是如何吸收中国和苏州传统文化的精髓，并在此基础上结合现代建筑元素，达到'中而新，苏而新'"。

（a）某城区一角　　　　　　　（b）某城区住宅小区设计图

图5.49　某城市风貌

5.3.2.4　人文景观缺少设计

城市景观对城市形象影响很大，恰如其分地表达会使景观增色，提高城市景观的文化内涵。艾伦·雅各布斯在1993年出版的《伟大的街道》（*Great Streets*）一书指出，细部是伟大的街道的特殊调味品。凯文·林奇（Kevin Lynch）1986年出版的《总体设计》（*Site Planning*）认为，细部实是大景观下的小细节，是户外空间的"家具"，如交通信号、休闲座椅、标志、电线杆、花坛、灯具、书报厅。他还指出这里列出的元素，是城市景观的人造品，着重强调了场所细部的多样性。林奇说，它们影响着整体环境的外观，未经设计地堆砌起来，就产生了混乱感觉。设计是一种创造性的活动。[①]在城市快速发展的背景下，有些城市建筑细部、标志物、广告标识、景观构筑物、雕塑、植物配置等缺乏设计。城市景观设计较为粗糙，细节表现需要增加人文关怀，地域文化特色在城市景观设计中表现不足。如，某地三个区地标景观雷同，某区市民广场标志物是8块石柱，某地广场8块石柱，某区公园广场8块石柱，这样的石柱景观小品能为城市文化代言吗？（图5.50）

（a）市民广场　　　　　　（b）某地广场　　　　　（c）公园广场

图5.50　某地区城市广场风貌

5.3.2.5　城市公共设施不完善

从新城区城市功能上看，中轴线西侧集中大量住宅社区，商业均为街铺形式，缺乏集中的商业购物休闲综合区，如大型购物中心、电影院、星级酒店、特色商业街区等。文化语境氛围不浓，茶社、图书馆等与市民息息相关的文化活动场馆较少。停车场、卫生室、便利店、菜市场、充电桩等小尺度的基础性公共服务设施亟待完善，教育卫生、高端业态、金融产业、楼宇经济和众创空间等平台建设还比较薄弱，难以聚集人气、商气、财气。

5.3.3　新时代枣庄人文景观建设

近年来，枣庄市围绕"山水枣庄"总体形象定位，打造"运河明珠·匠

---

① 张松，历史城市保护学导论——文化遗产和历史环境保护的一种整体性方法［M］.上海：同济大学出版社，2008.

心枣庄"城市文化品牌，提出了"精心规划、精致建设、精细管理、精美展现"工作原则，按照"一主、一强、两极、多点"城市空间发展格局，深入实施城市品质提升行动，着力优化城市功能布局，将山水环境有机融入中心城区，城市空间在总体上延续着核心特色，城市景观价值得以延展。同时，唱好"双城计"，既要把新城做靓，推动生态优先、文化交融，又要把老城做新，串联文脉、延续记忆，以一种新生的姿态，将奋发图强的现代气息展示在市民面前，标志着枣庄城市人文景观建设进入新时代。

（1）南方植物园和凤鸣湖。

南方植物园和凤鸣湖，是枣庄新城区开放型生态广场（图5.51），总占地约35万平方米，其中湖面水系面积16万平方米，区内绿地17万平方米，绿地率达49%。设计理念"中国结"的意和形为南方植物园的构架，突出以人为本，注重人与自然的结合。规划结构为"一轴、一环、三区、三节点"。"一轴"，指新城中轴线，即利用凤鸣湖、林荫草地大面积通透空间，使轴线面积视线保持连续性；"一环"，即环湖，指环绕湖区的周边地块，由一环组织成若干景点，如廊亭春晓、天时广场、卵石飞瀑等；"三区"指城市区、人性区和自然区；"三节点"，指天时广场、地利广场、人和广场。按照"四季常绿、三季有花"配置植物，显现出崭新的现代化山水园林城市气息。近年来，新城区景观持续提升，彰显地域文化特色。如凤鸣湖东、西支景观绿廊，空中栈桥、凤舞景观塔等多个节点贯穿新城东西景观轴，凤鸣景观塔作为地标性雕塑打破了凤鸣湖区原本平直的天际线，丰富了城市景观竖向空间层次。凤鸣湖水幕喷泉灯光秀项目，综合了声、光、电技术，将视觉及听觉艺术有机融合，结合"丹若迎宾""千古风流""梅红血沃""绿满兰陵""丹凤涅槃"等集聚枣庄历史人文的造型表演，诠释枣庄山水的魅力，展现枣庄悠久的历史文化，体现了枣庄建市60周年以来的辉煌成就，提振了枣庄市民的精气神。

图5.51 西城水系景观、凤鸣湖景观

（2）人才公园。

人才公园原为高新区科技生态绿地公园，2009年建设，该项目是中心城区衔接高新产业聚集区重要节点，也是区域绿地结构（两园、五廊）的重要组成部分。该公园周边毗邻城市主干道光明大道，周边次干道网络连接便利，交通完善，可达性好，区域交通优势明显，能很好地发挥区域乃至服务全市的作用。近年来，高新区周边商业活跃，居住人口大量增加，道路系统组织不够完善，路面老旧破损严重，景观分区和功能分区不明确，缺少安全防护设施等，原有空间和景观品质已经远远不适应市民的需求。2022年，高新区编制了景观提升方案，定位为全国首个以"人才"为主题的高品质城市公园，打造人才文化基地，成为枣庄市重视人才、展现形象的窗口。在尊重现状的基础上，以现代设计表现手法展示枣庄人才风采。按照"一环、一轴、两带、五点"规划布局，形成人才发展脉络，由人才广场、百世流芳、人才辈出、精英荟萃、不忘初心等节点组成。人才公园的优化提升，重新连接了城市中心文化区和东部园区，并通过具有现代感的设计带动了社区文化发展，从而形成一个致敬人才、开放共享、科技互动、健康活力的生态人文空间（图5.52、5.53）。

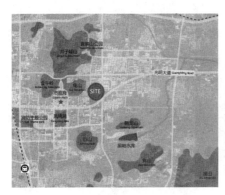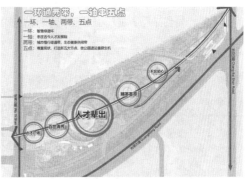

图5.52　人才公园设计图

图5.53　人才公园实景图

（3）龟山公园。

龟山公园位于山东省枣庄市薛城区，北邻凤鸣路，西侧民生路，东侧龟山东路，东西885米，南北565米，总规划面积为44.35万平方米。从周边市政办公、宾馆、居住区和学校的实际出发，规划设计方案明确以"雅"为龟山公园的景观风貌特色，与袁寨山的"雄"、金牛岭的"幽"进行差异定位。在环境意境方面，注重理水筑脉，彩化山林，回归自然，打造休闲健康的生态格局，构建园中园，营造静谧的林中山水园。在设施配套方面，融入互动式照明、智慧灯杆、WIFI、空气质量检测，语音垃圾箱、高标准公厕等设施，打造智慧山林公园。在文化传承方面，借助小品、石刻、景墙等载体展示枣庄历史名人和非物质文化遗产，彰显城市悠久历史和发展活力，打造集生态、休闲、健康、迎宾等多功能于一体的城市山林公园。尤其是金秋时节，龟山公园的粉黛乱子草迎来盛开期，满山遍野的粉黛乱子草，用梦幻和唯美惊艳这个秋季。粉黛乱子草花穗如发丝，远远望去，呈现出迷人的粉色雾状，粉红花海灿若云霞，吸引众多游客前来观赏，成为网红打卡地（图5.54、5.55）。

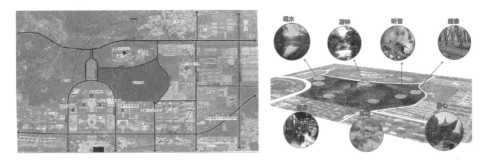

图5.54　龟山公园设计图

图5.55　龟山公园实景

（4）枣庄市民中心。

枣庄市民中心位于枣庄新城中轴线文体中心区域内，总建筑面积4.6万平方米，是枣庄市的城市名片之一。该项目设计突破了通常公共事务窗口建筑冰冷的形象，将建筑融入自然，将艺术融入生活，创造了一个属于市民的、灵动浪漫的、独一无二的公共文化地标。景观设计结合文体中心绿地广场进行整体性设计，营造出丰富多彩的城市景观环境，景观与建筑相互借景，成为本项目的一个中心点（图5.56–5.59）。

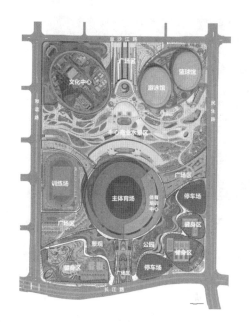
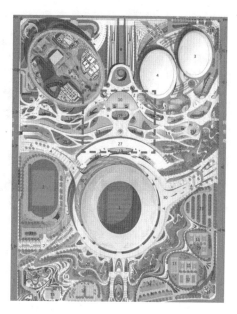

图5.56　市民中心、文体中心平面规划图、景观设计平面图

① 融和文化。枣庄素有"江北水乡"的美誉。枣庄还是我国石榴的主要产地，石榴花是枣庄市花。设计师从本土文化特征中寻找灵感，在建筑形态设计中打造了八片梭形"石榴花瓣"单元，以流线型的起拱玻璃连接，建筑犹如一朵绽放的石榴花，表达出强烈的精神底蕴与人文诉求，极具地标性、功能性、文化性，又恰与枣庄地域文化特点相得益彰。

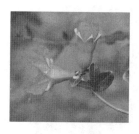

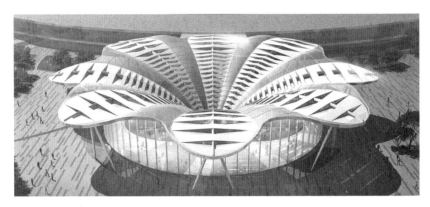

图5.57　市民中心建筑形态设计图

②融入自然。市民服务中心入口大厅（图5.58）的设计中，延续了石榴花的概念，又体现了大运河的文化内涵。入口门厅的立面以竖向钢肋为幕墙主要支撑结构，结合拉索，形态为爪点式玻璃幕墙。极为通透的玻璃幕墙，市民站在室外的任何角度都能够看到"石榴花"的形象。整个空间光洁明亮，结合丰富的光影效果，塑造出极具感染力、吸引力的公共空间。平面规则的圆形与周边建筑协调统一。

图5.58　市民中心设效果图

③融会创新。市民服务中心的入口采用中心对称的形式，对各个方向的市民保持开放和友好，使市民可以从不同的方向进入服务中心。整个建筑

的形态决定了雨水汇集于中心的特点，设计师通过合理的分单元排水，将雨水汇集于建筑中心的集水井道，并最终导入地下的消防水池中，整个建筑外立面不再需要另外设计排水管道。屋面玻璃与铝板相间铺设，相互之间形成微弱的高差，可以有效减弱大量雨水汇聚时的冲力。

（5）枣庄市体育场。

枣庄市体育场处于新城轴线的最南端，是中轴线上的"压轴"建筑，总建筑面积8.5万平方米，可容纳观众3万余人（图5.59–5.61）。

图5.59　枣庄市体育场设计

① 传统之美。体育馆是大型体育比赛馆场和演艺活动场地，是开放的城市公共空间。设计师从被赋予庆祝意义的中国传统物件"灯笼"中寻找灵感，抽象拉花纹理，提炼为不同曲度的线形结构，集聚围合形成"灯笼"造型。屋面同样延续波浪形拉花设计，采用整体张拉索膜轻型结构，加上拉花立面的通透性，使整个体育场显得极其轻盈典雅。

② 自然之力。体育场造型概念的另一个灵感来源于枣庄"运河明珠"的城市形象定位。波浪钢构纹理组成的水纹首尾连接，连续不断，象征大运河延绵不断地从历史中缓缓流向未来，充满动感和张力的元素让体育场拥有了灵动的特质。外围护结构独特的镂空造型如水一般律动，实现了刚与柔的结合。

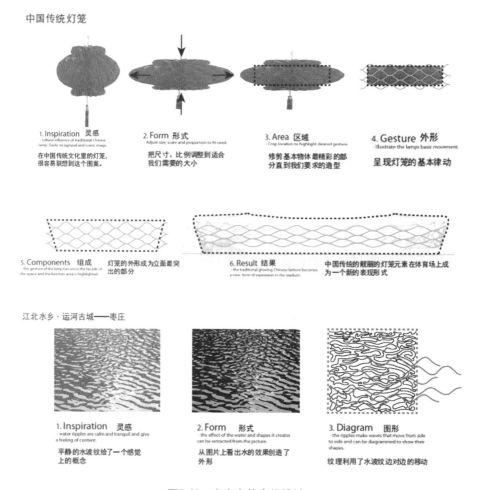

图5.60　枣庄市体育场设计

③ 结构之变。枣庄体育场是目前国内最大的平面椭圆形、空间马鞍形索桁结构之一，荣获鲁班奖和中国钢结构金奖。该工程应用大型弧形钢结构和大跨度索膜结构，是继鸟巢、水立方之后，对该技术的又一规模使用和探索。屋面采用大跨度车辐式索膜结构体系，索系由320根索组成，单根索最长达240米。外围护采用镂空弧形拉花钢结构，406个双曲面弯扭构件上下弯曲且左右扭转，纵横交叉，十分复杂（图5.61）。

图5.61　枣庄市体育场实景

5.4　人文景观问题溯源

上节分析了枣庄人文景观在城市建设中存在的问题和取得的一些成绩，本节从精神层面、特质层面、制度层面挖掘这一表象背后的根源。

5.4.1　精神层面——地域文化价值构建性缺失

价值观是社会成员用来评价行为、事物以及从各种可能的目标中选择自己合意目标的准则。价值观是通过人们的行为取向及对事物的评价、态度中反映出来的，是世界观的核心，是驱使人的行为的内部动力。它支配和调节一切社会行为，涉及社会生活的各个领域。[1]价值观影响着市民活动，通过深入透析精神层面市民价值观的问题，明晰人文景观问题的实质。

许多学者认为目前城市空间的雷同化现象是文化价值观念异化的原因。如学者王纪武写道：

　　"由于外来文化的融入，导致本土文化的失范与转型……引发了批判城市发展的文化价值观念的异化，不仅使城市建设陷入异化的困境，也产生了城市空间与建筑形态的趋同现象。"[2]

　　"有什么样的世界观、价值观、伦理道德观，就有什么样的城

---

① 王桂芬，张国宏.社会主义核心价值体系与多元文化时代价值观培育［J］.新学术论坛，2008（1）：22–27.

② 王纪武.人居环境地域文化论：以重庆、武汉、南京地区为例［M］.南京：东南大学出版社，2008.

市景观。在我国以君权为核心的封建时代，便有了中轴线结构的帝王故都；西方以神权为核心的中世纪社会里，教堂大行其道；以科技为核心的工业时代，方格子建筑充斥着人们的眼球。可以说城市景观是人类的爱与恨、欲望与梦想在自然中的投影，是人们实现梦想的途径。"①

目前影响我国城市人文景观健康发展的价值观有以下几种：经济粗放发展的价值观、异化消费的价值观、技术万能的价值观。

5.4.1.1 经济粗放发展的价值观，导致重"量"轻"质"的城市空间

经济粗放发展的价值观普遍表现为对经济增长速度的追求，且偏重对经济增长的无限追求，认为发展就是经济增长、经济增长是无限的。片面追求经济发展和城市化进程，为了拥有足够的城市空间和建筑空间以容纳快速增长的城市市民，在现代技术创造的模式化生产背景下，批量生产建筑及城市空间，迎合了部分人急功近利的追求，成千上万栋粗糙的高楼大厦就这样被批量生产出来，无数模式类似的城市空间就这样被复制出来。这些被标准化、商品化的建筑和空间漠视和破坏了人类的历史人文和自然环境，使城市失去个性，失去特色，失去可持续发展的原动力。

5.4.1.2 异化消费的价值观，导致异域文化的浅显植入

在一定程度上说，全球文化同化着人们的生活方式、工作方式、交流方式以及消费方式。看美国大片，吃麦当劳、肯德基，穿牛仔裤，喝可口可乐，过圣诞节、情人节，人们崇尚欧美国家的生活、工作及消费方式。全球文化使城市居民的审美和生活方式产生变化，从而在世界各地的城市中形成一种相近的消费模式，由此产生相似的城市空间。一样标识风格的连锁快餐店、西餐厅、超市、专卖店，一样具有现代风格的银行网点、商业大楼、星级酒店、商业街，一样的大理石、玻璃幕墙、飘板都挤在市中心。先是一些物质商品侵入市民的生活，逐渐地使人们思想观念改变。人们从喜欢欧美国家的商品，到崇拜其价值观念，于是引发了市场经济条件下，市场为迎合人

① 魏向东，宋言奇. 城市景观［M］. 北京：中国林业出版社，2006.

们的这种异化消费的价值观，建造了大量的欧式建筑。异域文化没有经过思考研究就被浅显植入，粗糙模仿。这在我国许多城市都有典型事例发生，如，上海"十五"期间以所谓"拿来主义"精神，借"脑"建设"一城九镇"，并把这些城镇建设为"英国风格""法国风格""德国风格""荷兰风格"等所谓"欧陆风情"的"世界风格"。又如，有的地方居民小区冠名也洋味十足，如"西班牙小区""维多利亚小区"等。

5.4.1.3　技术万能的价值观，导致人文内涵的需求压缩

科学技术的进步，给人们的世界带来翻天覆地的变化，使人类以"无往而不胜"的力量征服着世界，为人类带来了丰富的物质享受。人类对技术产生高度崇拜。人对技术的崇拜表现在城市建设上，更关注城市建设与运转的速度和效率，机动交通的速度和效率成为人们关注的重要对象。汽车疾驰于街上，步行系统缺失。缺少对行人的尊重和关怀。步行街缺少绿荫、座椅、无障碍设施，虽人潮涌动，车水马龙，却少了些城市的温度。宽广的城市道路满足了机动交通车通行，却挤压了市民的街道生活空间，缺少了人文关怀。

5.4.2　物质层面——整体城市设计的系统性缺失

5.4.2.1　漠视人的功能需求，导致形式化泛滥

规划设计过于注重概念形式，而淡化人的需求。场所或景观不仅仅是让人参观的，向人展示的，更重要的是供人使用，让人成为其中的一部分，场所、景观离开了人的使用便失去了意义，成为失落的场所。①如，有的市政广场几十公顷甚至上百公顷，却没有考虑设置休闲座椅、林荫慢道、娱乐设施，其根源是没有坚持以人为本的理念，过于追求广场宏大的气势。

5.4.2.2　漠视地域文化差异，导致空间场景乏味

我国一些新城建设大都冠以现代化新城为发展目标，且存在着许多对现代化的误解和对传统文化的漠视，没有处理好传统与现代之间的融合关系。新城给人的感觉除了建筑新、马路新、绿化新、环境新之外，没有什么值得人回味的地方，新的背后是对城市文化内涵理解和诠释的不深。规划设计中

---

① 俞孔坚. 城市景观之路［M］. 北京：中国建筑工业出版社，2003.

对场地景观研究不透，对城市发展历史研究不深，造成新城文化景观和旧城文脉割裂，传统文化缺失。正如人们常说的那样，高楼大厦的背后是文化的沙漠。

5.4.2.3 简单模仿复制，导致"东施效颦"模式化

"东施效颦"、简单模仿是目前新城建设中缺乏地域文化的重要原因。城市建设不考虑自身条件，不考虑市民的行为心理，不考虑商业运行的内在规律，不考虑"拿来主义"带来的严重后果，简单照抄其他城市的经验，结果搬到本地水土不服。

有一段时期，我国城市建设有学习模仿，甚至复制克隆的特点，出现了"小城市学大城市，国内学国外"的现象。这些学习多半是不加扬弃、全盘照收的模仿或者抄袭，尤其是在城市设计与建筑设计方面，相互抄袭的结果不言而喻，城市越来越没有个性，与民族文化相脱节。不假思索地效仿国外，将地域文化不加选择地抹去，而对外来文化的理解和把握又不得要旨，或者是外来文化本身就"水土不服"，从而造成城市建设空洞而无内涵。[①]

5.4.3 制度层面——人文景观保障政策的缺失

5.4.3.1 规划设计缺乏，导致人文景观保护滞后

从有的城区景观看，对城市文化景观的整体规划重视还不够。城市雕塑和壁画设置杂乱无章，缺少系统规划。户外广告设置随意，量多品低，建筑立面"杂、乱、花"，城市空间资源效益没有得到很好的利用。有的景观大道沿线的景观部分被破坏，圈占土地，违规建设时有发生。道路沿线缺乏统一的整体规划设计，导致用地布局不连续，存在土地占而不用的浪费现象。从建筑和片区斑块看，有的开发商过于注重追求商业利润，城市开发建设品质较低。有的城区缺乏统一的规划指导，原有许多办公行政单位搬迁后，开发商总是最大限度地提升容积率，配套服务设施往往被忽略。零碎的地块分割，造成各地块之间联系少；有的项目只顾自身内部空间环境，忽视对其他地块的影响，沿街天际线被破坏，公共环境混乱，给城市管理带来很大的难度。

---

① 徐小军.城市个性的缺失与追求［J］.学术探索，2004（11）：62-67.

5.4.3.2　决策主体单一，导致公众参与机制缺失

目前，公众参与机制有所改善，但是有的项目征求公众意见流于形式，仅在项目规划审查后进行一定时段的公示，往往是网上一挂、现场一贴，对公示后的效果缺少评估。在城市规划设计过程中，广大市民很少有机会参与编制过程的讨论，最终决策由少数部门或者专家、规划部门决定。这种自上而下的规划设计主要是从管理者的角度出发，虽然缩短了决策过程，简化了编制程序，但在一定程度上成为少数人意志的体现。由于缺乏市民的支持，城市景观展示给市民的作品往往是非理性的，使我们的城市渐渐失去了本土的特色。

5.4.3.3　人文素质教育缺失，导致主人翁意识不强

人文素质教育是将优秀的文化成果通过知识传授、环境熏陶，使之内化为人们的人格、气质和修养，提升人们内在动力，是建设和谐社会的需要，是促进市民素质全面发展的需要。当前，经济快速发展，给人们带了富足良好的生活环境，忽视了人文素养教育。在市民生活的各个领域，市民不断追求公共设施的完善和服务功能的提升，但是市民的公共意识较为淡薄。要围绕建设社会主义核心价值体系，引导居民树立正确的世界观、人生观、价值观，树立"我就是枣庄"的主人翁意识，培养居民良好的社会公德、职业道德、家庭美德和个人品德。加大历史文化街区和历史建筑保护宣传力度，通过积极宣传增强群众的认同感、归属感。持续完善公共文化服务体系，深入实施文化惠民工程，实现公共文化服务供给与居民群众文化需求的有效对接，居民共享文化发展成果。

第6章
枣庄城市人文景观传承与创新的整体框架

21世纪是一个城市竞争的世纪，也是一个文化竞争的世纪。作为文化的载体之一，城市人文景观的传承与创新面临着前所未有的机遇和挑战。一方面，传统文化随着时间的流逝愈来愈凸显其珍贵的价值；另一方面，新的文化形式、新的文化载体、新的文化传播手段，在新的时代背景下不断形成，当代的人文景观建设不仅要保护与传承传统文化，更应与时俱进地孕育与发展当代文化，加强传统文化与现代文化的结合与交融，创造出丰富灿烂的新时代人文景观。

土耳其诗人西格梅有一句名言，"人一生中有两样东西是永远不能忘却的，这就是母亲的面孔和城市的面貌"。本章从精神、物质、制度三个层面出发，借鉴有关城市经验，针对前一章中分析的枣庄城市人文景观建设中存在的问题与根源，提出枣庄城市人文景观传承与创新的具体对策和建议。

6.1 精神层面——塑造枣庄文化品牌，构筑城市精神理念

第5章对枣庄的人文景观要素和城市文化进行了总结分析，并对各类景观进行了系统研究。本节对这些有特色的人文景观内涵进行解析、提炼、整合，进而对其进行提升、创新，推出枣庄的城市文化品牌，形成枣庄城市发展理念，从精神层面进一步推动枣庄人文景观的传承与创新。

6.1.1　枣庄城市文化品牌内涵解析

一座城市的知名度和美誉度，往往与城市的文化景观紧密联系。深厚的文化积淀是形成城市文化品牌的重要源泉，好的城市文化品牌是城市的内在底蕴和文化内涵的外在表现，它可以起到彰显城市特色、提升城市形象、凝聚城市精神的作用。

6.1.1.1　墨子文化的彰显

墨子是我国古代著名的科学家和思想家，被称为"唯物始祖""科学圣人"，其贡献主要突出体现在两个方面：一是提出"兼爱、非攻、尚贤、尚同、节用、节葬、非命"等主张。著名作家余秋雨赞叹："墨子以极其艰苦的生活方式、彻底忘我的牺牲精神，承担着无比沉重的社会责任，这使他的人格具有一种巨大的感召力。直到他去世之后，这种感召力不仅没有消散，而且还表现得更加强烈。"二是科技创新，早在两千多年前墨家便已有对光学（光沿直线前进，并讨论了平面镜、凹面镜、球面镜成像的一些情况，尤以说明光线通过针孔能形成倒像的理论为著）、数学（科学地论述了圆的定义）、力学（提出了力和重量的关系）等自然科学的探讨。在现代社会中应继承墨子"兼爱、节俭"的精神，学习墨子在科学上的创新思想，彰显不惧困难、相互关爱、平等互利、质朴勤俭的枣庄人文精神。

6.1.1.2　奚仲文化的弘扬

以奚仲文化为主要内容的古薛文化是齐鲁文化的重要组成部分，它与"北辛文化""大汶口文化""龙山文化"等一脉相承。奚仲造车是中华民族勤劳智慧、勇于创新的典范。作为一种发明创造的文化，奚仲文化蕴含着中华民族的创新精神。特别是当前，随着社会发展、科技进步，科技创新越来越重要。在提倡"自主创新"的当代中国，应当学习奚仲实事求是、勇于实践、勇于探索、勇于创新的精神。

6.1.1.3　运河文化的复兴

枣庄段运河最早期的开凿主要指的是明万历年间迦河的开凿。运河对枣庄城市的形成、发展、壮大起着重要的推动和促进作用。台儿庄段处于北运河与中运河的节点，是唯一一段东西走向的京杭运河河道，也是落差最大的一段河道。由于南来北往的各地客商等汇集，带来不同文化形态的融合，形成了集漕运、商贸、农业商品化、手工业和农产品加工于一体的台儿庄运河文化，故其文化特质表现为南北交融、多元共生。结合现阶段文化背景及时代精神，可将台儿庄运河文化提炼为"南北交融，中西合璧，和谐创新"的文化特征，代表着城市兼容并蓄、开放创新的文化底蕴。

6.1.1.4 工业文化的浓缩

成立于1878年的中兴矿局（后改为中兴煤矿公司），在中国民族工业发展史上占有极其重要的地位，积淀了深厚的文化底蕴，为后人留下了宝贵的精神财富。2008年，枣庄中兴历史文化研究会成立，研究会主旨是"发掘、整合、研究中兴历史文化"，弘扬中兴公司"爱国、爱企、不畏强权、百折不挠"的创业精神。中兴文化不仅是中国工业文明进步的代表，在枣庄市工业文化中具有不可替代的地位，"善于学习，求实创新"已成为枣庄工业文化精神。

6.1.1.5 红色文化的传承

红色文化，是中国共产党特有的政治思想文化形态，是指党在革命战争年代形成的革命文献、文物、文学作品和革命战争遗址、纪念地以及凝结在其中的革命历史、革命精神、革命传统等。[①]

提到台儿庄，人们就想起那"金戈铁马，雄兵百万，惊心动魄，抵御外辱，不屈不挠"的民族精神；提到铁道游击队，就会想到铁道游击队员们的抗战精神和爱国情怀……这一段段革命历史，孕育了厚重感人的枣庄红色文化，留下了宝贵的精神财富。革命先烈坚定不移的革命信念、抵御外辱的顽强斗志、大无畏的牺牲精神、浸满先烈热血的红色文化，具有强大的感召力和吸引力。正是这种精神，在中华民族危难之际，让中国人挺起了民族脊梁，捍卫了国家和民族尊严；正是这种精神，我们才有国可爱，有土可守，有家可依，体现了忠诚担当。这种精神可以提炼为"赤诚报国，不怕牺牲，机智灵活、勇于亮剑"，是一种积极向上、胸怀祖国、爱国爱家的博大精

---

① 张开增.弘扬红色文化，服务科学发展［J］.枣庄通信，2009（6）：28.

神，结合时代精神，转化为不忘初心、牢记使命，为实现中华民族伟大复兴而努力奋斗的奉献精神，是枣庄人民的精神家园。

6.1.1.6 青檀精神的提炼

青檀在极其恶劣的环境下生长繁荣，有不少文人墨客被青檀精神所折服。有一位作家这样写道："对青檀精神认识的升华，不是在于它能够在环境恶劣的峡谷两侧生长，而是它的生命只能适应残崖断壁间，移植到平地反而需要人工维护。青檀在石缝间演绎的奇迹，源于它已经适应残酷的外界条件，它的根系盘固在石块间，并且能够产生有机酸分解石头，使其中的无机物质溶解，供青檀吸收养分，而石头内部产生的毛细管可以贮存山间的的潺潺流水，供青檀源源不断地利用。石块中间竟也长出青檀，可见其已经完全融入大自然，它对自己的生存之地没有怨天尤人，而是以超乎寻常的勇气将其改造成最适宜自己的栖息地。"

另一位作者这样称赞："那些青檀悬于山崖，树干执着地顺着崖壁的缝隙攀缘而上，在坚硬而冰冷的岩石中生生撑出了一条条鲜活的生命轨迹，如虬龙腾空，似孔雀开屏。可能是由于在岩石中被压抑了许久的缘由，枝枝杈杈从峭壁中奔涌而出，招摇着，伸展着，盘旋而上，肆意张扬着坚韧的风骨和旺盛的活力。" 顽强生长在裸露岩石上的青檀树，最能代表枣庄人坚韧不拔的拼搏精神、奋发有为的创业精神、甘于奉献的敬业精神和与环境共生共进的和谐发展精神。[1]青檀精神告诉大家"真正的勇士应能够坦然面对艰苦，充分发挥自己的智慧和潜力改变现状，锻炼自我的适应能力，在长期的执着奋斗中成长茂盛，实现生命的畅想"。

枣庄作为一个革命老区、老工业基地，面临着资源枯竭型城市的经济转型，这就需要枣庄人发扬扎根基层、辛勤耕耘、无私奉献、百折不挠、昂首不屈、和谐共进的精神，为枣庄的发展和振兴贡献自己的力量。可将青檀精神提炼为"坚韧不拔，和谐共进"，以此激励枣庄人做真正的勇士，百折不挠，乐观向上，面对艰难险阻，踔力奋发。

---

[1] 李海流."青檀精神"枣庄人.齐鲁晚报［N］.2008-04-23.

6.1.1.7 石榴文化的重构

枣庄峄城的石榴产业，发展历史悠久，文化积淀深厚，冠世榴园经过两千多年的发展，积淀了深厚的石榴名人文化、民俗文化和吉祥文化。

从名人文化看，峄城名人众多，匡衡、贾三近等历史人物与石榴结下了不解之缘。从民俗文化看，历史上在峄城流传的民间艺术有杂技、魔术、民乐以及狮子龙灯舞、高跷舞、秧歌舞、花篮舞等，峄城区的传统剧种有柳琴戏、豫剧、梆子戏等，民间工艺主要有玩具、阴平毛笔、吴林玉雕及石榴盆景制作等，独具地方文化特色。从石榴吉祥文化看，石榴花果并丽，果实甘甜可口，是我国人民喜爱的吉祥之果。石榴在中国传统文化中被民众赋予了多子多福、合家团圆、富贵吉祥、坚韧向上、幸福美满、红红火火、平平安安、笑口常开等意义，寄托着民众对幸福美好生活的殷切期盼。[①]因此，在民间形成了许多与石榴有关的民俗礼仪。石榴籽粒丰实，象征多子和丰产；人们常用"连着枝叶、切开一角、露出累累果实的石榴"的图案，作为"榴开百子""多子多孙"的祝福；在年画、剪纸、木雕、石刻、谜语、民歌、童谣等中，石榴常常出现。

著名作家郭沫若曾写过一篇名作《石榴》，作品中充溢着对生机勃勃的生命力的赞美。火红的石榴花，给夏天输送着源源不断的热力，是"夏天的心脏"。那像火一样的灿烂燃烧的生命热力，被称为"榴红似火"。金秋时节，榴树枝头挂满累累硕果，一派喜庆景象。由此可以将石榴文化演绎为一种和谐的"福"文化，"幸福安康，红红火火"，来诠释枣庄社会安定、人民安居乐业的景象。

习近平总书记指出，在中华民族大家庭中，大家只有像石榴籽一样紧紧抱在一起，手足相亲、守望相助，才能实现民族复兴的伟大梦想，民族团结进步之花才能长盛不衰。石榴花"榴红似火"，象征着一种火红的生命力，以及锐意进取的生命态度；石榴籽紧紧相依，象征着团结奋进、共同成长的

---

① 李凡. 中国石榴文化专题研讨会暨山东省民俗学会2002年年会在枣庄召开 [J]. 民俗研究，2002（4）：201–204.

内在愿望，是凝聚力的象征（图6.1）。所以，我们可以借助作家郭沫若的诠释，把"石榴"文化构筑为"精诚团结、锐意进取"的精神。

图6.1　石榴花和石榴果

6.1.2　枣庄城市精神理念

6.1.2.1　城市理念与城市精神

"理念"从字面意思上可理解为一种理想、信念，城市理念是城市的思想观念体系，是城市的价值观、精神和灵魂。"在这些内涵中包括城市人的价值观念、经营理念、管理理念、规划理念、服务理念、事业发展理念、发展战略目标及城市对内对外地宣传城市形象，市民生活、城市形态、流行文化、认同性语言结构、市民共同遵守的准则、民俗语言等。在理念体系中，既包括了城市存在与发展的价值意义，也包括了城市发展战略定位、城市形象表现、形象顶级概念的表述、城市发展战略中的不同阶段的目标阐释等。"[①]

城市理念体系的构成并没有固定的模式，城市精神是城市理念的核心，狭义的城市理念就是指城市精神，是一个城市整体人文要素的体现。它涵盖了一个城市的基本价值追求和城市核心价值观，也包括一个城市市民对知识的认知、艺术、道德、信仰、追求、风俗民情等整体的人文概况。城市精神是一座城市的灵魂，它引领城市发展，是城市生活的精神向导，是一个城市

---

① 张鸿雁. 城市形象与城市文化资本论——中外城市形象比较的社会学研究［M］. 南京：东南大学出版社，2002：52-53.

软实力的核心。

人文精神是城市精神在人文系统的具体反映，城市精神与人文精神的发展相辅相成。一个城市的历史，延伸发展成一个城市的人文精神；而一个城市的人文精神，将决定着一个城市的走向和未来。[①]

6.1.2.2 城市精神构建案例

城市精神来源于城市文化，不同的时代有不同的代表文化，城市精神也随之与时俱进，具有不同的内涵。我国不少城市已开始注重城市精神的建构与培育。例如，上海市明确提出大力塑造"海纳百川、追求卓越、开明睿智、大气谦和"的新形象，市民始终保持"艰苦奋斗、昂扬向上"的精神状态。上海申请世博会举办期间将"申博精神"概括为"胸怀祖国，不负使命，万众一心，顽强拼搏，顾全大局，团结协作，精益求精，追求卓越，自信从容，博采众长"。

苏州的城市精神为"崇文、融合、创新、致远"。苏州把2500年的城市文明发展史凝结成8个字，表现了苏州城市文化个性和市民的精神追求。苏州精神文明委还通过论坛、会议和文化交流、户外广告等，把这8个字的精神理念融入城市发展中的每个细节，融入市民的行为规范，塑造和弘扬了市民喜闻乐见的现代城市精神，通过广泛宣传城市精神，把市民凝聚到一起，激发斗志、陶冶情操、坚定信念，使其对城市产生认同感、归属感、自豪感和责任感，逐步为苏州在国际国内舞台提升城市竞争力提供了强有力的支撑。城市精神发挥着导向功能、凝聚功能和激励功能，是每个市民的行为标尺和价值追求。

6.1.2.3 枣庄城市精神提炼

山东是儒家文化的发源地，齐鲁文化是中华传统文化的重要组成部分，历史和时代赋予了山东传承优秀传统文化的重大责任和使命担当。枣庄要用好丰富的文化资源优势，全面提升城市品质，以特色文化铸就城市之魂，推动城市内涵式、高质量发展。城市文化是城市的气质，是一种具有独特性、

---

① 汪长根，蒋忠友.苏州文化与文化苏州［M］.苏州：古吴轩出版社，2005.

空间性和综合性的文化形式，而城市精神是城市文化主流意识的集中体现。

枣庄的城市理念应遵循"植根历史、基于现实、紧跟时代、引领未来"的原则，并结合时代需求及城市发展战略传承和创新。

枣庄城市精神可以提炼为"质朴兼爱、忠诚爱国、融合创新、厚德尚文"。"质朴兼爱"是传承墨子思想；"忠诚爱国"是传承抗战文化；"融合创新"是传承运河文化、工业文化和墨子、鲁班、奚仲科技创新的精神；"厚德尚文"是枣庄人具有为人敦厚淳朴、豪爽侠义的品德，善于学习、勤于学习的良好传统。

6.2　物质层面——构建人文景观格局，凸显城市文化特色

一个城市的文化底蕴，不能仅仅停留在精神层面，更要落脚到城市规划和建设上。城市建设纵向地凝固着城市的历史与文脉，横向地展示着城市的发展成果，并在这纵横之间展示出城市独有的个性。在很长的一段时间内，枣庄被称作"鲁南煤城"。随着煤炭资源的日渐枯竭，枣庄明确提出加快资源型城市转型，大力实施"工业强市、产业兴市"战略，打造"运河明珠·匠心枣庄"的城市品牌，提高城市的竞争力。

6.2.1　廊道与斑块的系统构建——人文景观格局的形成

当人们进入一个陌生的城市，最先感知到的往往是那些存在于城市中的具体物质形象，它们所传达出的有序多样抑或简陋混乱的形象特征，从不同的角度反映着城市固有的文脉特征。[①]城市人文景观的总体面貌正是由不同物质要素的形象特征所决定的，也构成了人们感知城市的最初意象。

美国学者凯文·林奇认为，影响城市意象的五种要素为道路、边界、区域、节点和标志物，并强调不同元素之间相互融洽的关系是创造美好城市意象的重要条件。基于这种"城市意象"的观点，城市的物质形态是构成城市人文景观形象的重要组成部分，它们影响和决定着城市形象的外部特征。其中，各物质元素不是孤立存在的，而是相辅相成、互相影响的，在它们之间

---

① 王豪. 城市形象概论［M］. 长沙：湖南美术出版社，2008.

应建立良好的关系以促进彼此协调发展。

以"城市意象"理论为基础，将构成枣庄物质景观格局的要素分为廊道、斑块、节点、基质，这些主要要素通过相互融洽、相互呼应、相互补充的关系，构成枣庄和谐的景观格局和独特的城市风貌。

6.2.1.1 廊道：连接与缝合人文景观

廊道往往由道路和河流组成，本节主要强调道路的景观设计。

"道路是观察者习惯、偶然或是潜在的移动通道，它可能是机动车道、步行道、长途干线、隧道或是铁路线，对许多人来说，它是意象中的主导元素。人们正是在道路上移动的同时观察着城市，其他的环境元素也是沿着道路展开布局，因此与之密切相关。"[①]道路是辨析城市特征和获取城市信息的主要参照物。特定的道路具有极强的影响力，一些主要的交通干线和步行街成为城市中重要的意象特征。如果主要道路缺乏个性化特色，与其他城市雷同，就会破坏城市的整体意象文化。此外，典型的空间形态组合能够强化道路的意象，沿街建筑的大小、形状和立面处理以及植物的配置对形成道路特征也会起到重要的作用。

道路应具有连接与"缝合"城市人文景观的作用，由于主要交通道路一般承载着较多的车流人流，是城市展示人文景观的重要线路，对整个城市景观具有较大的影响，所以应首先注重主要交通道路沿线景观的塑造，然后逐渐到次干路、支路的景观建设（图6.2）。道路的这些性质可从以下几个方面来建设。

图6.2　枣庄世纪大道

---

① 〔美〕凯文林奇. 城市意象［M］. 方益萍，何晓军，译. 北京：华夏出版社，2001.

（1）保障安全。

一条令人没有安全感的道路如何去谈它的美感，所以首先要能够保障交通安全。

① 行车安全。道路设计应满足机动车的行车视距要求、净空要求、防眩要求等。停车视距指"在同一车道上，车辆突然遇到前方障碍物，如行人过街、违章行驶交通事故以及其他不合理的临时占道等，而必须及时采取制动停车所需要的安全距离。"[①]道路平面线形设计应保证满足视距要求。汽车在弯道上行驶时，应特别注意是否能满足这一要求。道路平面线形内侧横净距内应扫除障碍物或障碍物不高于1.2米（图6.3、6.4）。

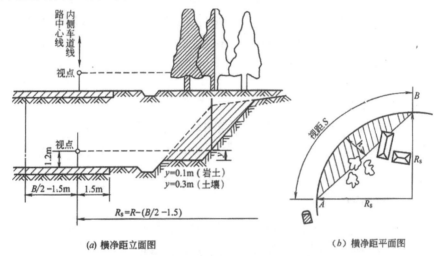

图6.3　视线障碍与横净距图示[②]

图6.4　某大道沿线的不恰当绿化遮挡了行车视线

---

① 徐循初，汤宇卿. 城市道路与交通规划（上册）［M］. 北京：中国建筑工业出版社，2005.

② 徐循初，汤宇卿. 城市道路与交通规划（上册）［M］. 北京：中国建筑工业出版社，2005.

② 步行安全。"城市道路除了要满足交通运输基本功能之外，人的步行系统也非常重要。在道路景观中，城市道路线路与形状、快与慢、地上与地下都要结合不同的环境加以合理的解决。"①

景观大道往往作为车流主干道来设计，因此，对步行的人来说是一道危险的屏障，割断道路两侧的交通。②我国《城市道路交通规划设计规范（GB50220—95）》规定机动车道超过4车道的城市道路应设安全岛，方便行人安全通过道路。城市道路建设要坚持以人为本的原则，完善步行系统，在行人穿行较多的地段适当设置地下通道、人行天桥或安全岛。

（2）满足不同群体需求。

随着道路两侧用地功能的变化，道路上人的行为活动将有较大变化。由于步行者与车行的速度等的不同，步行者更易看到城市的细节，如建筑装饰、橱窗布置、广告色彩、绿化小品等，所以优美的步行环境对整个城市的环境面貌起着重要的美化作用。③另外，临商业用地的道路设计要满足休闲与交流功能，需要较高的环境质量和较宽的人行空间；临居住用地的道路，可提供一定的休闲功能，但不主动吸引过多的人流；临工业用地的道路则往往更强调通过的功能，不鼓励人的停留。

（3）塑造街道立面特色。

城市的街景，犹如人的面容，是展示城市特有风采的风景线。构成城市街景的主体是沿街建筑，还有附加在上面的店铺牌匾、广告、张贴物、悬挂物和照明（灯彩）等。街道的立面特征主要依靠沿街建筑立面和植物配置来体现。沿街建筑立面需要符合地域文化特征，重要的街道要强化这种文化特征，选取标志性建筑并在符合地域文化的基础上进行一定的创新，形成特色鲜明的街道景观。

苏州的道路景观吸收了古代园林艺术与空间手法处理街道空间和临街建

---

① 韩伟强. 城市环境设计［M］. 南京：东南大学出版社，2003：26.

② 俞孔坚，李迪华. 城市景观之路——与市长们交流［M］. 北京：中国建筑工业出版社，2004.

③ 韩伟强. 城市环境设计［M］. 南京：东南大学出版社，2003.

筑的关系，虚实对比，收放有致，组成变化丰富的空间序列。以机场大道为例，两侧的景观设计用心用情，低缓起伏的地形上点缀着精心设计的景观花坛、园林小品、民俗雕塑，植物配置疏密有致，步移景异。机动车行驶在其间，犹如进入了历史的长廊，做到了道路景观、街道立面与地域文化的融合创新（图6.5）。

（a）苏州机场大道　　　　　　（b）苏州工业园区文景路

图6.5　苏州街道立面特色

（4）街道名称与地域文化的衔接。

历史上人们经常用某个历史人物、历史事件命名公园、广场等，以达到纪念目的。这种场地命名的方法一直沿用到今天，场地命名本身就是一种文化，它承载、传达着当地的历史文化信息，是纪念某段历史、延续历史文脉的重要手段。道路作为城市重要的公共空间，其延续历史、弘扬文化的意义更非同小可。枣庄街、洋街、兴安街、吉品街，这些耳熟能详的名字背后，反映不同历史时期的城市特质。例如，枣庄街的形成得益于中兴矿局的开办，使这个小村庄有了"街"，街两旁开办了众多商铺，一时成为省内外商贾云集的地方。枣庄街，因建了几座"鸽子楼"式的建筑，有了"洋"味，于1877年又取名"洋街"，后也称"中兴街"。

笔者曾就新城道路的命名做过问卷调查（图6.6），调查情况如下：主要街道以枣庄历史典故、历史名人命名，占68%；主要街道以祖国的山川河流的名字命名，占25%；主要街道以各城市的名字命名，占5%；其他情况，占2%。从调查情况可以看出，68%市民认为第一种命名方法最好，能体现枣庄的人文特征。真正表达地形和城市历史的地名，可以作为文化遗产来认识。

枣庄道路命名在老城区得到了较好的传承，体现了不同历史时期的文化内涵和时代特征。在老城区还保留着许多具有枣庄特色的路名，如青檀路、西昌路、振兴路、南马路、北马路等，每一个路名都体现了一个时代的印记。

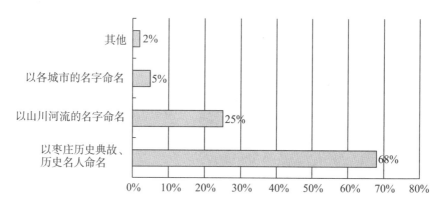

图6.6　道路命名方法调查结果

6.2.1.2　区域斑块：明晰和强化地域特色

区域是可进入的较大城市领域，观察者进入其中能感觉到其具有某些共同的、能够被识别的主题及形象，它们构成区域的主要特征，且体现在空间形式、城市细节、建筑类型、使用功能、地形地貌等不同的组成部分上。明确的景观特征会对鉴别某个区域起到重要的作用，通过强化其组成部分的意象特征，强调整个区域的视觉意象效果；区域、不同阶层、历史以及社会功能经常联系在一起，结合自然地理特征和历史文化长期培育形成。本节仅针对枣庄的区域斑块特色提升提出总体概要性的方法，具体策略将放在第7章做重点讨论。

（1）明晰区域特色。

枣庄市辖市中区、薛城区、峄城区、台儿庄区、山亭区、滕州市等6个区（市），各城区职能定位不同，有不同的人文历史及自然地理，分别代表着不同景观特色的区域（表6.1）。市中区主要有民族工业文化的代表特征中兴公司大楼、老铁道、过车门、飞机楼等；薛城区主要有红色文化的代表铁道游击队纪念园；峄城区以人文生态旅游为主要特色，主要包括以10余万亩的石榴园和青檀林为主体的景观区域，另外有坛山森林公园、文峰山、铁脚山、天柱山、阴平枣园等自然资源；台儿庄区以运河文化为特色，尤其是古运河码头别具韵味，主要包括台儿庄大战纪念馆、李宗仁史料馆、台儿庄革命烈士陵园、月河公园、清真寺、中正门及运河沿线等；山亭区以优越的山林自然资源为主要特色，区内主要有抱犊崮、熊耳山大裂谷、黄龙洞、岩马湖、洪门葡萄村、万亩梨园、普照寺等自然和人文景观；滕州是"北辛文化"发祥地，是"科圣"墨子、"工匠祖师"鲁班的故里。商周时期，滕州境内分布着滕国、薛国、小邾国三个国家，至今较完整保存着薛国故城、滕国故城等5处国家级文物保护单位。

表6.1　枣庄市各城区主要职能

城市（区）	区域地位		主导产业	城市特色
薛城	鲁南中心城市	枣庄市行政、文化、科教中心	高新技术产业和商贸物流基地，煤化工研发中心	山水城市
枣庄（市中）		区级中心	能源、新兴加工制造业基地	工业之城
峄城		区级中心	观光旅游和农副食品加工基地	石榴之乡
山亭	区级中心		旅游、建材、农副食品加工基地	山林之城
台儿庄	区级中心		爱国教育（战争文化）旅游、能源基地	运河古镇
滕州	枣庄市次中心		煤化工、机械制造业、能源、商贸物流基地	文化名城

注：笔者根据有关资料总结绘制。

（2）强化区域特色。

在枣庄城市建设中，应进一步强化各区域已有的特色（表6.2）：市中区老城以中兴工业文化为特色，新区以现代化景观传承为主；薛城区以铁道游击队"红色文化"为特色；以"果"为特色的峄城万亩石榴园旅游区；以"水"为特色的台儿庄运河景观区；以"山"为特色的山亭熊耳山双龙大裂谷、抱犊崮旅游区；以"古"为特色的滕州古文化风貌区。

表6.2　枣庄市各区域特色定位

区域	特色定位	重点开发的人文景观
薛城区	以"红色文化"为特色的城区	铁道游击队纪念园、铁道游击队纪念馆、影视城、滨河公园
薛城新城	以新城市政中心为核心，以现代化景观为特色的新城区	市政中心、凤鸣湖、南方植物园、绿道
市中区旧城	以工业历史街区为特色的老城区	枣庄街、老火车站、煤炭工业遗址博物馆、矿山公园
峄城区	以"果"为特色的观光、休闲和文化旅游区	万亩榴园、青檀寺景区、园中园、中华石榴文化博览园、仙人洞
山亭区	以"山"为特色的山地森林观光旅游区	熊耳山大裂谷、抱犊崮森林公园、洪门葡萄村、岩马湖、石板房子等
台儿庄区	以"水"为特色的运河文化旅游区和爱国教育基地	偪阳故城、古运河、台儿庄古城、台儿庄大战纪念馆、台儿庄大战遗址地、李宗仁史料馆、清真寺等
滕州市区	以"古"为特色的滕州古文化旅游区	墨子纪念馆、墨子故里、薛国故城、滕国故城、汉画像石博物馆、毛遂墓、孟尝君墓、龙泉塔等

6.2.1.3　节点斑块：提炼与汇聚人文特色

　　节点是城市人们来往行程的连接点、转折点或集中点。一般位于道路的交叉点或一种结构向另一种结构的转换处，也可能是聚集点广场、公园等。节点往往是区域的集中焦点，是区域集结的中心。节点有利于人们认知一个城市、一个区域、一条街道，往往是城市、区域、街道的景观特色典型代表，人们在游览城市的过程中会自然而然地总结和记住这些让他们难忘的点，通过对这些节点的深入了解形成了他们对整个城市的意象认知。节点空间一般是城市的景观高潮点，对空间的比例尺度，对围合分割空间的建筑物、小品，对空间的绿化环境，都有极高的要求。作为城市的节点，应具有明显的形象特征，它会起到吸引人以及突出城市特色的作用，多个节点的大小、形状以及位置设置在城市空间中应统筹考虑。比如，凡是到过上海的人都会对上海博物馆独特的鼎形建筑设计以及其丰富的馆藏印象深刻；凡是到过重庆的人都会对解放纪念碑印象深刻；凡是到过滕州的人都对唐代龙泉塔记忆深刻，等等。

节点是有层次的，从不同层面来看，会有不同的节点生成。从国家层面来看，一个城市就是这个国家的节点；从城市层面来看，市中心区就是这个城市的节点；从城市的各个区域来看，可能会是一个广场、一个公园或是一栋公共建筑、一条街道等。笔者认为，应根据在城市中战略地位的不同形成不同层次的多样节点。

（1）广场节点。

城市广场作为城市公共空间的组成部分，被称作城市的"客厅"，是市民和旅游者进行各种活动的场所。它有独特的人文景观，体现着城市特有的文化生活内涵。

不同类型的广场会汇聚不同的人流活动，广场设计及关注的重点不同。市政广场应为开展庆典活动等提供场所，通常广场周边有重要政治性建筑围合而成，如北京天安门广场、上海人民广场[①]；商业广场需要满足人们娱乐、游憩、交往，并从中获取信息的需要，人们在这里购物、休息、观赏、表演、交往等，是最能反映城市生活和文化风貌的场所；休闲广场往往具有浓郁文化氛围，是让市民开展休闲、娱乐、健身活动的场所，与居民日常生活关系最为密切[②]；纪念广场要求庄严、肃穆的空间环境，一般在广场中心或侧面设置突出的纪念雕塑、碑、塔、建筑等为标志物。

城市广场设计在满足广场各种功能需求外应关注两个重要因素：① 突出当地的地方自然特色，适应当地的地形地貌和气温气候条件；② 突出地方人文特色，传承城市历史文脉，体现地方风情民俗文化。对这两个重要因素的关注应表现在广场设计的各个元素中，如绿地、铺装、雕塑与小品、水景、照明等。

① 郑宏.广场设计［M］.北京：中国林业出版社，2000.

② 王鲁民，宋鸣笛.关于休闲层面上的城市广场的思考［J］.规划师，2003（3）：52-56.

（2）公共绿地节点。

城市公共绿地包括公园、植物园、生产绿地、生态景观绿地等，类型丰富多样。城市公共绿地的数量、内容和品质直接反映、衡量着城市的生活品质，对城市居民的生活质量、城市形象影响较大。

城市公共绿地的布局，首先应从宏观层面与整个城市规划布局相协调，与城市的公共活动空间及人流活动相协调；其次应充分结合自然山水条件，利用当地的自然优势；最后应结合历史人文遗迹、遗址等景点，挖掘地方的独特资源，创造具有当地人文气息的公共绿地，为市民营造宜居的人文环境。

提高城市环境质量、提升城市文化品位是枣庄城市建设的重要目标。枣庄深入挖掘历史文化资源，不断更新节点路段景观，取得了很好的效果。例如，凤鸣湖公园"枣"主题雕塑，从形式上看具有古韵新风的现代雕塑形式美，从内容上看具有丰富的人文内涵（图6.7–6.10）。

图6.7 凤鸣湖公园雕塑

图6.8 凤鸣湖公园

图6.9 枣庄民俗知识展示

图6.10 口袋公园

（3）标志物。

标志物通常由简单的物质元素组成，可以是一栋建筑、一座构筑物或独具自然特征的山峦等，形成某种单一性和唯一性特征，令人印象深刻。标志物的形象特征不仅代表着居民的某种审美取向，它往往还是一个时代的写照，反映了特定城市的文化气质。标志物通常占据显著的位置，一般从高度上占有一定的优势，更易于识别，在城市生活时间越长的人越依赖于这种独特的意象特征。在重要的道路交叉点和焦点空间设置标志物，可以突出意象效果。与特定功能活动相联系，与历史和某种意蕴相关联，都会形成或强调标志物的意象。

城市标志景观往往是城市形象最突出的象征，对强化城市个性、丰富城市风貌、激发当地居民的自豪感和凝聚力，具有极为重要的意义。如，北京故宫和鸟巢，传统感与现代感反差巨大，成为独具魅力的视觉景观，也是城市个性最为鲜明的特征。标志物一旦形成，在城市整体规划建设中

图6.11　滕州龙泉塔

形成的构筑物应与之协调。空间与单体元素的相互关系是形成标志物的重要条件，通过空间的退让和变化，起到烘托标志物的作用。形成标志物不可忘却的形象特色和突出的视觉效果，要充分体现地域文化，利用简洁夸张的形象特征以及体量和形式上的变化，强化标志物的视觉效果。滕州的标志物龙泉塔（图6.11），位于龙泉广场西侧，是象征滕州古老文化的标志物"古滕八景"之一。古朴的塔身与周边的汉画像石馆、墨子纪念馆等建筑风格相得益彰，共同建构城市的地标。

位于薛城区临山公园（又名铁道游击队纪念广场）的铁道游击队纪念碑（图6.12）是象征枣庄抗战革命的标志物。纪念碑及周边的开敞空间成为城市重要标志物，也是参观者体验城市的重要节点，纪念碑前的广场成为人们集会休闲活动的主要场所。

新城市级行政中心（图6.13）建筑群无疑是新城区的地标建筑，依山面水，环境优美，建筑轮廓线与山体轮廓线相呼应，行政主楼退让形成行政广场空间，由于地势较高，可以俯瞰凤鸣湖公园。大开敞空间既提供了观赏的空间，又烘托出行政中心建筑的庄严。

图6.12　薛城铁道游击队纪念碑

图6.13　新城区行政中心实景

6.2.2　基质再塑——人文景观品质的整体提升

城市景观的复杂性及丰富度远非几个节点、几条景观廊道、几片景观斑块就可描述清晰。道路、区域、节点、标志物只是形成了一个城市的景观格局，从宏观上把握住一些战略要点。城市的个性化在城市长期建设中形成，对城市景观细致入微的规划设计、对景观项目的精心建设，需要我们准确把握城市的整体景观风貌以后，对城市各个组成部分进行用心雕琢。如果将城市的景观格局比喻为人体的骨骼，那么城市各个组成部分（城市细部）就类似于人体的血肉。如市中区东湖公园（图6.14），该项目是利用原有的废弃坑塘、工矿塌陷地，结合城中村改造、整合，进行规划建设实施的城市环境综合治理工程。该规划按照大片区城市更新的思路，整体提升城市基质，综合交通、生态、游憩、文化等因素，突出全民健身中心的功能，形成"二台三园十二画、一湖一岛一翠峰"的景观群，成为枣庄人身边的一座生态家园。

图6.14　市中区东湖公园片区景观风貌

　　城市组成部分（城市细部）包括很多内容，主要有建筑、标识、街具、雕塑、植物配置等。有关这几个方面的做法有很多，本节重点强调城市细部对地域文化、传统文化的创新性运用。如苏州，在大街小巷随处都可以看到带有传统文化元素的景观小品，处处体现城市建设的精致，展现着城市的精神气质。枣庄应通过基质再塑，整体提升人文景观品质。

6.2.2.1　标识

　　标识可分为空间导向标识，主题场所标识和广告标识三类。在现实生活中人们最容易忽略的是导向标识和广告标识的设计及其对城市景观的影响。导向性、可读性是实现人与空间环境对话的重要目标，使城市空间环境人性化，才能产生城市空间的关联性和空间的序列感（图6.15）。

图6.15 传统符号标识

　　枣庄市空间导向标识设计应该符合环境行为学特点，充分考虑人们的行为特征和心理需求，使颜色与城市整体文化相协调。主题场所标识首先要在"量"上满足人们的基本需求，在设计上注重赋予标识深层次的文化内涵，达到美观、体现人文关怀、符合地域文化特征等要求；广告标识需要通过城市管理及引导，主要在其"质"上下功夫。城市导识系统应在每个路口值守，每个节点都有详细的区位情况介绍。在街巷口，要竖立标识牌，展示街巷的由来、历史人文常识等内容，让游客感觉到"城市管家"就在身边，让居住在这座城市的人获得生活上的便利和精神上的富足。

6.2.2.2 雕塑

　　艺术家们往往针对特定的地域、时代、环境，赋予城市雕塑以新的文化内涵和社会意义，从形式和内涵上与周围环境相协调。[①]

　　城市雕塑是公共艺术品，雕塑设计应围绕当地历史文化，提炼出独特的视觉元素和文化元素，并体现到街景小品、公园绿地、口袋公园、公交车站、路灯灯杆、道路导视系统等上，通过一个完整的视觉系统来展示一个城市的气质。在枣庄街头，可以看到精心设计制作的人文雕塑，如石榴花、石榴果、鲁班锁、历史名人像等；还有的以民俗文化为题材，如老鹰捉小鸡游戏、磨菜刀、地方戏曲等，文化气息十足。这些民俗文化雕塑（图6.16）的点缀，体现了城市对市民的人文关怀，传承了城市文化，滋润着市民心灵，

---

　　① 鲍诗度，王淮梁，黄更. 城市公共艺术景观［M］. 北京：中国建筑工业出版社，2006.

展示着时代的气息，提升了城市文化品位。

图6.16　枣庄街头公园街头雕塑

6.2.2.3　植物配置

城市中的植物景观建设是城市软实力的体现。绿树、草坪、草皮、鲜花，当它们被艺术家经巧妙构思组合成精美的艺术品时，无疑体现了城市的个性和特色。[①]行道树的配置需要结合道路性质、建筑立面特征，也要体现多样化和个性化的统一。不同的街道可根据自身需求配置不同的植物，再选

———————

① 李雄飞，王悦. 城市特色与古建筑［M］. 天津：天津科学技术出版社，1991.

择其他植物作为衬托，提倡优先选取本地树种。植物的搭配，需考虑常绿树与落叶树、乔木或灌木、草地与花卉等搭配，使乔、灌、花、草，高、中、低相结合，使绿化景观丰富且有层次（图6.17、6.18）。

图6.17　传统人文环境中的植物配置

图6.18　现代人文环境中的植物配置

6.2.2.4　硬质铺装

硬质铺装在目前的城市公共景观设计中占据着重要的位置，给人提供交流、休息、娱乐的活动场所。硬质铺装和周围的水景、绿植、建筑物等构成多元化的公共景观，它是衬托建筑、公园、广场品质的重要元素，细心的设计者往往通过精心设计的硬质铺装展示环境的人文内涵。城市硬质景观设计应遵循整体性、人本性、地域性、功能性等原则（图6.19、6.20）。

图6.19　传统人文环境中的硬质铺装

图6.20　现代人文环境中的硬质铺装

6.2.2.5　公交站台

公交站台是人们与城市相联系的媒介，是城市形象的"窗口"。承担着服务群众、美化城市景观的作用，是展示地方文化特色、凸显城市品质的重要载体，更是城市人文景观的重要组成节点。因此，公交站台的设计应遵循人性化、智能化的原则，将实用功能与审美功能相结合，历史、文化和人文精神相结合，将这些文化元素融入现代城市建设中，使环境设施的设计能体现当地的文化、地方风情和人文特色（图6.21、6.22）。

图6.21　传统人文环境中的公交站台设计

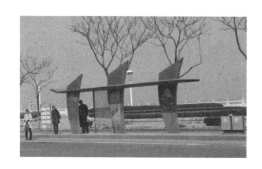

（a）滨水区形如风帆的公交站台　　　（b）机场大道上形如飞机的公交站台

图6.22　现代人文环境中的公交站台设计

6.2.2.6　街灯、电话亭、垃圾箱等其他街道设施

"城市家具"也就是我们通常说的城市公共设施，它是整体城市景观意象的重要元素，通过协调整体、生动景点、场所塑造、表达文化等方面，阐释城市景观意象，体现城市精神面貌和人文关怀，延续城市文化内涵。街灯、电话亭、垃圾箱等街道设施是人们生活中容易忽视的，但一旦用到它们的时候，精心的设计不仅会成为一道风景，更会让人们感到城市生活的美好，透出浓浓的人文情怀和历史底蕴（图6.23）。

图6.23　带有传统符号的街道设施

6.2.2.7　地域文化的视觉符号化

墨子文化、奚仲文化、青檀精神、石榴文化的提炼与构建，是在精神层面的传承。那怎样物化这些隐性文化呢？这就需要创造出一种能表现城市形象的独特视觉识别体系，强化社会大众对城市的印象，以增强城市软实力，

提高城市的竞争力，带动城市的发展。

（1）城市标志设计。

城市标志是城市的识别符号，是城市独特文化和城市精神的直观展示，是城市品牌形象的集中展示。城市标志一般包括城市标志标准图形、城市名称标准字体、标准色彩等。以下为笔者设计的三个方案（图6.24）。

（a）枣庄城市标志设计方案一
（设计：笔者）

（b）枣庄城市标志设计方案二
（设计：笔者）

标志设计方案一说明：

标志以铁道游击队纪念碑、台儿庄古城、抱犊崮、运河等元素组成，以书法形式呈现出"枣"字。它体现了枣庄悠久的古城文化、运河文化和红色文化。标志上部表现是台儿庄古城大北门，直插霄汉的天下第一崮（抱犊崮）、一个富有凝聚力的"中"字。贯通枣字的一竖，可以理解为巍然屹立在微山湖畔的铁道游击队纪念碑。标志下部弯曲的笔触代表大运河，体现了枣庄独特、丰富的自然人文和历史景观。

标志设计方案二说明：

标志以台儿庄古城、运河等为基本设计元素，组成"枣"字。标志造型在台儿庄古城中正门的基础上提炼而来，简洁大气。与之呼应的是下方的水纹元素，表现大运河水乡意境。整体展示"运河明珠·匠心枣庄"城市城市形象。整个标志色彩简洁，具有历史厚重感与文化内涵。

（c）枣庄城市标志设计方案三
（设计：笔者）

标志设计方案三说明：

标志以篆体汉字"枣"为设计元素，加以简化。以篆刻艺术形式抽象化处理，表现"运河明珠·匠心枣庄"城市形象，正方形的轮廓代表台儿庄古城，体现运河文化、城邦文化、抗战文化。标志形式上采用中国印章的理念，采用红白、黑白等色彩表现形式。

图6.24　枣庄城市标志方案

（2）地域文化符号设计。

在这个数字化的"读图时代"，笔者希望从视觉传达设计的角度，通过青檀、石榴、传统民俗、墨子文化等地域文化元素，进行艺术设计，将这些元素转化为一些抽象的符号、图案，运用到商业广告、艺术作品、活动标志，甚至瓷器、服装等商品上，或建设在城市中，从而实现枣庄地域文化的传承与创新。我们看一下几个典型案例，有助于打开思路。

西安美术学院的苗萍在研究西安城市形象的视觉符号设计（图6.25）时，将西安的文化作为设计素材，并结合现代设计方法，设计出具有民族文化内涵的产品，时尚而又充满民族特色，值得借鉴。

枣庄的青檀、石榴是极具形态特征的植物，柳琴戏在演员动作、装束上也极有特色，墨子的"兼爱"思想及其发明的一些器具等，都可以通过想象、提炼、勾勒，创造出既有时尚美感又富有地域文化特征的符号。

石榴具有多子多福之意，"福"表示着人们对美好生活的追求，又是中华民族吉祥的象征，既可以用某种符号来表现石榴枝干、花朵、果实的形态美，也可以用某种符号来象征石榴硕果累累、多子多福的意象美（图6.26-6.29）。

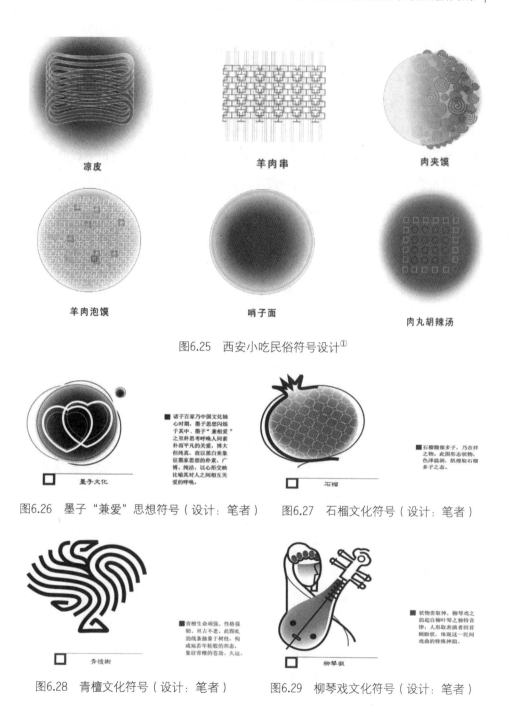

图6.25　西安小吃民俗符号设计①

图6.26　墨子"兼爱"思想符号（设计：笔者）　　图6.27　石榴文化符号（设计：笔者）

图6.28　青檀文化符号（设计：笔者）　　图6.29　柳琴戏文化符号（设计：笔者）

---

① 苗萍.西安城市形象：视觉符号系统设计探索［D］.西安：西安美术学院，2007.

6.3 制度层面——完善相应政策法规及城市营销策略

制度是文化传承与创新的重要保障，文化传承是由文化主体通过一定的传承机制进行延续，需要具备两个条件：一是文化主体有健康的价值观与审美观；二是传承机制需要有一套良好的制度机制，它在涉及主体的意识及价值观外，需要有一套制度约束与激励机制。本节就是从主体与传承机制这两个方面入手探寻适宜的制度策略，保障文化传承与创新的健康发展。

6.3.1 围绕传承与创新主体的制度策略

6.3.1.1 提高市民素质，形成崇文良好风尚

（1）注重发挥群众首创精神。

市民是传承和创造城市文化的主体。文化强市战略也迫切需要城市文化价值的引导和快速跟进，城市文化品牌和城市精神的确立离不开市民的参与。因此，要创新模式，在城市品牌打造中加强文化氛围营造。依托市民中心六大场馆渲染文化氛围，确保文化设施资源取之于民，用之于民。要以文化活动品牌孕育文化氛围，借助国际墨子思想研讨会、石榴文化论坛、鲁班文化论坛等重大活动品牌，增强城市文化的引导力、凝聚力和推动力，提升市民对地方文化的自信，并身体力行地加以宣传和传承。各级党政机关工作人员要带头学习地域文化，了解地方人文常识；应充分利用网站、报刊等多种渠道宣传枣庄历史文化，制作各类宣传册，鼓励和组织学术团体、文艺学者撰写本地人文专著、调研报告、文艺戏剧，形成崇文、尚文的良好风尚。

（2）重视对青少年人文教育。

对青少年的教育应从他们身边生动、鲜活的城市故事展开，应该把城市的传统文化、风土民俗写入学校课本，"请进"教学课堂，用优秀城市传统文化、地域文化的代表作，滋润青少年们的心灵，让他们从小就对自己的城市产生深入骨髓的情感。即使他们日后要走向不同的人生道路，弘扬城市传统文化、地域文化也将成为他们的自觉意识，他们的心也将会更多留在故乡这片文化底蕴深厚的土地上。[①]一篇名为《石榴》的文章，介绍枣庄冠世

---

① 单霁翔. 从"功能城市"走向"文化城市"［M］. 天津：天津大学出版社，2007.

榴园石榴，已经出现在最新版标准试验教科书小学语文三年级（上册）课本中，在短短300字的篇幅里，作者生动形象地描述了冠世榴园石榴树发芽、生长、开花、结果的过程，并从形、色、香、味等方面详细地介绍，还附上了两幅图片。《石榴》这篇文章的收录对于宣传冠世榴园，提高枣庄青少年爱家乡的自豪感起到重要的推动作用。

（3）创造良好文化传承环境。

免费开放文化遗址、博物馆、纪念馆等社会教育资源，让市民在参观游览过程中了解城市的历史沿革和政治、经济、社会发展脉络，了解更多的历史知识、人文精神和民俗风情，增强文化自信。推广本地传统民间艺术，可以在中小学内开设剪纸、陶艺、泥塑、器乐等民间艺术课程，使学生从小就接受传统文化的艺术熏陶，使其了解并践行"质朴兼爱、忠诚爱国、厚德尚文、融合创新"的枣庄城市精神，增强"我就是枣庄"的主人翁意识。文化部门可组织编写本地民间文学、民间艺术、历史文化丛书，提供丰富的精神食粮，帮助人们去认知历史、认识社会，营造一个健康、积极、向上的文明环境。

6.3.1.2　重视人才培育，营造吸引人才环境

枣庄自古以来就是一座好客养士、尚贤爱才的城市，不仅孕育了中华"科圣"墨子、"工匠祖师"鲁班等众多历史名人，更留下了滕文公礼聘孟子、孟尝君"食客三千"等诸多佳话，开启了中国历史上招才引智、选贤用能的先河。经济、文化产业的发展，城市高品位建设，关键在人才，应大力出台惠才政策，营造吸引人才的环境。

近年来，枣庄大力实施英才集聚工程，聚焦重点产业，在柔性引才的基础上，深化人才项目合作，在北京、天津、上海、南京等城市举办"创业枣庄、共赢未来"高层次人才创业大赛，吸引京沪沿线城市人才来枣庄创业，在京、沪、深、津、杭等地开展高校人才直通车等活动，进一步畅通高层次人才绿色通道，全力打造公平正义的法治环境、高效便捷的营商环境、宜居宜业的城市环境，持续迸发招才引才活力，不断增强人才集聚磁场效应，营造全社会惜才爱才的浓厚氛围。

（1）加大人才投资力度。

一座富有创新力的城市，必然是人才济济、充满朝气的城市。要提高城市的竞争力，建设和谐的人文城市，必须加强对创意人才的投资。人才是城市可持续发展的重要资源之一，在当今发达国家，人力资源投资占社会总投资的比重已超过50%。在充分挖掘现有人才的基础上，积极创造条件，采取短期聘请与长期引进相结合的方式，有计划、有针对性地引进一批高素质人才，为枣庄的可持续发展助力。努力做到培养或引入一个团队，做好一个项目，带动一项产业，逐渐扩展带动城市再发展。[①]

（2）营造吸引人才环境。

从制度层面，用足、用好人才新政18条、人才支持"工业强市、产业兴市"20条等系列政策。要进一步研究建立人才保障住房、留学人员创业等各类人才支持制度，量身制定吸引和支持紧缺人才、领军人才、宣传文化人才、城市建设人才政策清单。针对青年人才，实施枣庄"'青春人才'无忧计划"在落户、安居、研习、就业、创业、就业等方面全流程支持。从人才服务层面，建立人才服务智慧服务平台，让每一位来枣庄的人才，都能及时获得惠才政策、创业载体等资讯。建立人才办事一站受理、人才服务一卡通行制度，叫响"早来枣庄早有为"人才工作品牌。畅通高层次人才绿色通道，全力打造最优环境，提供最优政策，搞好最优服务，让各类人才在枣庄放心创业、安心经营、舒心生活，为各类人才搭建舞台。

6.3.1.3 发动群众力量，支持民间艺术团体

现今，枣庄群众艺术团体正在兴起，各个区（市）都在积极发展民间艺术文化，仅在枣庄农村扎根的民间文艺队伍和庄户剧团就有240多支。例如，薛城区把石雕、唢呐、泥塑、剪纸作为民间特色加以推广，发展了20多支龙灯、狮子、高跷等民间游艺队伍和民间庄户剧团。各级文化部门应借助这一良好势头，出台相关政策，创造良好发展环境、条件，给予大力支持。

---

① 陈呈任.城市再发展的人文思想及其规划对策［D］.上海：同济大学，2009.

（1）组建民间艺术协会及社团。

鼓励和支持民间艺人开展形式多样的传承活动，如拜师、展示、交流、研讨等。充分发挥社团组织的作用，开展形式多样的"爱我枣庄"活动，把各类文化宣传活动和民间艺术活动带进社区、家庭、学校、厂矿，加强民间艺术与市民的互动。一方面，丰富了市民的文化生活，加深了市民对民间文化的了解；另一方面，民间艺术在互动实践中也能够了解民众的需求，寻找灵感，激发创新。

（2）建立民间艺术传承与创新基金。

政府应建立专项基金，奖励民间优秀艺人，并为有意义、有价值的艺术活动提供支持。枣庄现有大量优秀的民间艺人，如民间艺人甘致友，继承了伏里土陶制作艺术，自己几十年如一日，无偿招收弟子，传承土陶艺术；再如滕州市第四中学教师冯玉文，执着地研究北辛文化，参与北辛文化发掘，成立了北辛土陶文化工作室，研究土陶烧制过程及艺术流程等。各级政府应建立奖励扶持基金，为优秀艺人传承工艺提供全面支持，使枣庄的民间艺术得到更好、更快发展。

（3）营造宽松人文活动空间的环境。

人文活动需要空间作为载体，这种需求有永久性的也有临时性的。永久性的如剧场、礼堂、影视院等，临时性的如纪念性构筑物、街头小品、河畔水景等。政府应积极配合人文活动，协调各方要求，为民间艺人团体争取良好的展示空间，为市民和游客创造良好的体验机会。

（4）开展专题宣传艺术创作。

枣庄媒体应常年开办专栏，宣传民间艺术的特点、产生与发展过程、制作流程等。电视台可以开设枣庄民间艺术展示大舞台，或举办各类才艺大赛等。报纸期刊也可以开辟专栏发表学术文章，交流经验，推广先进文化艺术活动。各主管部门要经常性策划、组织、举办各类论坛、学术研讨等活动，吸引全国各地文化艺术大家莅临枣庄，开展文化交流活动，扩大枣庄区域性文化影响力。

近年来，薛城区成立了"奚仲国际研究中心""中国先秦史学会奚仲文化研究基地"，并举办了中国奚仲文化研讨会，对奚仲造车遗址进行了重点保护，规划建造了中华奚仲文化产业园，统一设计制作了奚仲文化系列产品，启动了《奚仲文化系列丛书》的编撰和30集大型电视连续剧《车神奚仲》的拍摄，对奚仲文化和精神进行传承和创新。

（5）举办大型节庆活动。

枣庄虽然有许多名、特、优土特产品及传统工艺品，但缺乏深度开发，普遍存在加工工艺简单、技术含量低、商品附加值低的现象，创意文化产品在旅游收入中的比重较低。建议精心策划节庆活动，如做好枣庄的青檀寺庙会、龙头庙会等地方自发集会的宣传推介工作，广泛参与国内国际大型展示会议。借助这些平台，提升枣庄地域文化产品知名度，展示地方文化产品的独特魅力。在文化旅游产品方面要加大创新力度，要思考：游客来看什么、带走什么、回忆什么。比如，滕州精心策划，努力打造"墨子鲁班故里""和谐文化发源地""小孔成像发源地"三大文化旅游品牌，组织实施了一系列有较大社会影响力的大型学术活动，打造墨子鲁班文化体系，已取得了较好的成效。举办大型活动是打造文化品牌较好的方式之一，还可以体现到城市的景观建设层面，以及文化创意产品的展示和传承层面。

6.3.1.4 健全机制，提高公众参与度

在不同国家政治制度和文化背景中，公众参与有着不同的方式与法律法规，以保障公众参与的权利。[①]公众参与的城市建设过程，是专业科学性、决策民主性一体化的过程。

我国在20世纪90年代引进公众参与理念。[②]初期主要为公众提供信息资料，展示信息内容，让公众提出意见，并结合公众意见进行修改等。2008年《城乡规划法》的颁布，是一个转折点，厘清了公众参与规划编制、修改、实施、监督检查等过程。

从国内外有关研究可以看出，公众参与有利有弊。公众参与一方面能化

---

① 刘志坚.土地利用规划的公众参与研究［D］.南京：南京农业大学，2007.

② 郑伟元.世纪之交的土地利用规划：回顾与展望［J］.中国土地科学，2000（1）：1–5.

解城市建设过程中不同利益集团的尖锐矛盾，体现弱势群体的利益，为政府提供更多的决策信息，以利于规划的实施；另一方面，公众参与的确耗时耗力，组织缺乏规范，众口难调，监控乏力，提高规划成本，影响城市开发建设效率，甚至导致规划失效等。[①]面对它的利与弊，需要解决好如在多大程度上与公众分享影响力、由哪些公众参与决策过程、采用何种公众参与形式等问题。

（1）发挥社区组织作用，全程参与规划编制。

社区组织具有组织性、自治性、先进性、民间性、非营利性、志愿性、公平性等特征，有较高的知识素养及强烈的社会责任感，能充分代表社区公众的利益。社区组织的存在能够汇总转化个体分散、模糊、多元的意见，形成集中、清晰、一致的组织意志，为政府提供有建设性的建议。

社区组织参与城市设计的方式主要有以下几个：通过组织社区听证会、居民意见调查等方式，让居民对城市设计方案的编制和实施过程发表看法，并反馈到城市设计编制和管理机构，为其编制、修改和完善提供参考；社区组织协助城市规划管理部门监督违反城市规划设计、破坏公众利益的行为，起到监督与管理的作用；社区组织筹措资金，自己动手进行社区环境的改造，创造高品质的社区环境。[②]

（2）组建非营利组织，提高公众参与能力。

非营利组织机构是指关注社会、文化、环境的健康发展而不以营利为目的组织机构。非营利组织机构的成员应有一定的技术水平，能对规划方案提出建设性意见。城市规划管理部门应鼓励、引导和协助非营利机构介入城市设计。非营利机构，除了常见的咨询、座谈等方式外，还可以与政府合作管理，或代政府管理部分内容。

在招投标和评审时请专家参与听证、提意见等，会起到一定非营利组织的作用。建议枣庄组建相关非营利组织，注重吸纳具有较高技术水平和政治

---

① 叶卫庭. 城市设计管理实施研究［D］. 武汉：武汉大学，2005.

② 张莹萍. 上海市城市规划管理中的公众参与研究［D］. 上海：同济大学，2007.

素养的成员，也可以聘请其他城市的相关人员参加组织机构。要增加非营利组织参与城市设计过程的深度与频率，充分发挥非营利组织的作用。

（3）完善规范程序，搭建公众参与平台。

公众是城市的主人，对城市建设有监督权。公众参与是维持社会公平、保证公共利益不被侵蚀、协调各种利益关系的重要途径和手段。在城市特色风貌的规划和塑造中，要设法调动公众关心城市、监督城市建设、保护城市特色、建设城市的积极性，为他们创造参与的机会，采纳他们合理的建议。《城乡规划法》对编制和实施城乡规划中的公众参与方式，实体性规定多，程序性规定少。①枣庄可根据《城乡规划法》对公众参与的整个程序做出安排，例如：采取什么方式通知、什么方式听取意见、什么方式公示；哪些情况下需要举行听证会；不同规划层次与规划阶段应采取什么对应的策略等，建立有效的公众参与方法。

在规划编制过程中，通过社区会议、个人访谈、小组会议、问卷调查、参与观察等调查方法多方征求公众、建设单位意见，促进公众对规划的有效参与，优化规划方案，弥补专业人员知识的不足。

对重要的建设项目方案，进行公开展示，让专家、居民参与评论，尊重不同意见的争论，必要时可组织听证会，听取相关利益者的不同意见，避免决策失误，营造良好的舆论氛围，应对利益主体多元化的挑战，有效监督城市规划的实施管理。

6.3.2 保障传承机制健康运营的制度策略

6.3.2.1 加强城市设计管理制度建设

传统城市设计与规划中缺乏对城市特色的开发和制度体系建设，导致各地区城市形象趋同化。我国城市设计有过不少实践与探索，比如通过城市设计导则（Urban Design Guidelines）方式对城市设计主要环节进行开放式引导，希望通过导则引导城市建设特色化发展。但是在导则的编制和运作中，也存在着城市设计的对象尺度分类标准不明确、尺度分类设计导则的编制方

---

① 蒋勇.关于贯彻落实《城乡规划法》的几点思考［J］.城市规划，2008（1）：23–26.

法和内容比较单一、尺度内容深度不一致等问题。在城市设计方案实际编制
与应用中，人们经常把城市设计导则与城市设计意向以及城市设计开发控制
相混淆，造成了设计导则概念上的误用，导致设计导则的可操作性降低。城
市设计导则在实施中还存在着法律地位尚未确立，导则设计与规划管理相脱
节等问题。不少学者研究认为，城市设计应该作为制度化的管理规程或法令
而不仅仅是技术文本，这样才能成为政府调控城市土地与空间资源的有效工
具。[①]建议从以下两个方面来建立城市设计管理制度。

（1）增强城市设计导则的实施性。

凯文·林奇在《城市设计定义及其教育》一文中曾提出，城市设计是通
过"设计方针、设计计划和设计导则，而不是特别详尽的形状和位置的蓝图
来形成城市"。在城市设计过程中，城市设计导则是实现城市设计目标和概
念的具体操作手段，是城市设计理念的具体化和设计思想规范化，是针对城
市整体范围或特定区域及地块的设计目标，形成有针对性、可操作性的设计
纲要。

城市设计导则可以从不同角度进行分类。从层次上，可以分为总体城市
设计导则和局部城市设计导则。各个国家的总体城市设计导则会有所侧重，
但核心内容是空间形态，通常会涉及高度分区和天际轮廓线、公共开放空间
体系、具有重要景观价值和场所意义的轴线网络和节点布局，有时还会划定
具有风貌特征和历史意义的地区，以便编制更为详细的局部城市设计。以总
体城市设计为依据，可以进一步编制局部专项、斑块或节点城市设计。专项
城市设计是针对城市形态或景观的重要元素，制定更为专业的城市规划建设
管理规则，比如城市高度分区、街道景观和广告标志的设计控制。斑块或节
点城市设计是针对城市中具有重要或特色风貌区，制定更为详尽的城市设计
导则，比如具有重要景观价值的滨水地区和城市中心地区等。从关系上，可
以分为总则与细则。总则指开发设计项目的设计目标与用途，即总体思路，

① 李军，叶卫庭.北美国家与中国在城市规划管理中的城市设计控制对比研究［J］.
武汉大学学报（工学版），2004，37（2）：176-178.

特别是城市开发建设中的价值理念和宏观要求；细则是在总则指导下的具体要求和具体做法。

随着城市设计导则在国内外城市设计中的应用实践的成功，城市设计导则作为城市设计中最重要的成果，逐渐得到社会的重视，设计导则的建立弥补了宏伟规划与建筑详规设计之间的盲区。相对于传统的"控制性详细规划"，城市设计导则更强调对城市三维空间形态，包括地上与地下，全方位的设计与控制；更强调创造与不同城市功能区域、与街道相契合的富有个性的城市空间，使其能更好地适应城市发展与变化的要求。

在编制城市设计导则过程中，应充分挖掘地域特征和调查公众意见，确保开发活动与所在地区在社会、人文、景观美学、生态的协调与和谐，提高导则编制的技术水平与合理性。城市设计还应当对开发项目的过程进行设计，并且考虑政策实施及其效果的检验和评价，完善编制程序。

（2）完善城市设计运作机制。

我国的城市设计实践在理论基础和设计手法上与国外并没有太大的区别，而缺乏程序、体制和机构上的保障是城市设计难以落实的根本原因。城市设计是以城市形态环境为关注主体的，协调整体利益与个体利益，协调公共利益与私人利益的综合设计和管理过程，因而在城市设计运作中使用控制、激励等实施手段，必须要具备强有力的保障，才能保证城市设计的意图贯穿于城市建设过程予以实施，这种保障的作用主要来自法律保障、行政组织保障、经济保障等方面。[①]

可以通过地方立法或者推动上级立法等方式，建立相关法规、规定及相应的管理政策，将城市设计纳入规划体系，明确城市设计的地位、作用、内容和运作方式，使城市设计名副其实地体现在各层次城市规划中，使之系统地融入城市规划文本体系，作为各层次规划的组成部分，一并获得法律效力，以便起到应有的控制作用。

---

① 李少云. 城市设计的本土化——以现代城市设计在中国的发展为例 [M] . 北京：中国建筑工业出版社，2005.

城市设计的运作既是政府谋划发展前景，保障城市特色风貌、空间环境形成的控制过程，也是通过吸引和引导多种渠道投资的城市建设活动，实现城市设计意图的协调过程；同时，城市设计也要满足以市民为主体的城市使用者的要求，切实反映公众的生活意愿和环境要求。因此，应设置城市设计管理的常设专门机构，保证城市设计在城市开发过程中的合法性运作。例如，深圳市已率先实施了《城市设计编制办法》，并在深圳市规划和自然资源局设置了城市设计处，负责组织城市设计的编制、审查和处理各类日常事务，大大推动了城市设计工作的开展。

6.3.2.2　建立经济激励制度

利用市场经济运作机制，制定适宜的奖励、惩罚制度，提高经济运营者及利益相关者维护和提升城市景观风貌和空间场所品质的积极性。这种奖罚机制，我国也有不少学者进行了研究，主要有以下几个方面。

（1）容积率奖励和开发权转移策略。

"容积率奖励"是指土地开发管理部门为取得开发商的合作，在开发商提供一定的公共空间或公益性设施的前提下，如广场、公共绿地、拱廊、人行天桥、屋顶观光设施与公交系统联合进行综合开发等有益于公共环境建设的设施，可以适当提高地块容积率，奖励开发商一定的建筑面积。这是一种鼓励开发商投资公共环境建设的措施。[①]"开发权转让"作为"容积率奖励"应用意义的深化和补充，将奖励范畴扩大化，在土地开发价值得到规划管理部门肯定的前提下，以转让土地开发权为条件，换取对生态及历史环境的保护或经济补偿，同时将换取的开发权转移到更具开发潜力的地区。[②]

"容积率奖励和开发权转让"是协调私人经济利益和公众环境利益的有效手段，是在开发商追求更高土地产出效益，忽视或减少开放空间，甚至破坏历史建筑（群）的社会环境问题下产生的，在国外已经有成熟的规章制

---

① 吴静雯，运迎霞，严杰. 经济杠杆下有效开放空间的形成——以容积率奖励策略为例［J］. 华中建筑，2007（6）：24-25.

② 运迎霞，吴静雯. 容积率奖励及开发权转让的国际比较［J］. 天津大学学报（社会科学版），2007（3）：181-185.

度，在我国一些城市也已开始有了一些现实应用，比如上海市2016年发布的《上海市城市更新实施细则（试行）》明确规定：能够提供公共设施或公共开放空间的建设项目可适度增加建筑面积，但面积调整一般不超过规定设定的上限值；能够同时提供公共开放空间和公共设施的建设项目可以叠加给予建筑面积奖励；在更新单元内部可以进行地块建筑面积的转移补偿。这一细则在《上海市城市规划管理技术规定》的基础上，进一步完善和细化了容积率奖励条件和奖励内容：容积率奖励条件由原来单一的公共开放空间拓展到了公共设施；奖励内容由原来的只核定建筑容积率，转变为根据能否划出独立用地和能否移交政府两个部分，奖励系数的区间值由原来的1.0～1.5扩展为0.5～2.0。

2017年，上海出台《关于深化城市有机更新促进历史风貌保护工作的若干意见》，首次提出要研究建立历史风貌保护开发权转移机制。为鼓励保护、保留历史建筑，除原法定保护保留对象外，经认定为确需保护、保留的新增历史建筑，可以给予开发建筑面积的奖励（表6.3）。

表6.3 上海城市更新中商业商办建筑额外增加的面积上限

	提供公共开放空间（按用地面积，平方米）			提供公共设施（按用地面积，平方米）	
情形	独立用地，产权交政府	独立用地，产权不移交政府	独立用地，24小时开放，产权不移交政府（如底层架空、公共连廊等）	产权移交政府	产权不移交政府
倍数	2.0	1.0	0.8	1.0	0.5

注：a.以上倍数针对外环线内区域，外环线外额外增加倍数的折减系数为0.8；

b.提供地下公共设施的，增加倍数的折减系数为0.8。

（2）资金策略。

"资金策略主要应用于客观上具有良好的公共价值，但由于缺乏明显的利润回报，难以对开发商构成吸引力度而不得不长期处于搁置状态的建设项目。其措施通过直接或间接形式的政府资金投入，提高项目吸引力，并在一定程度上降低开发成本，以此拉动私人资本投入，确保项目顺利运转。具体包括经费援助、赋税/租地价减免、信贷支持三种形式。"①有关资金策略的内容目前已在我国一些城市投入实践，特别是在旧城改造过程中，这一策略逐渐得到当地政府的青睐。

枣庄老城区城市更新、工业文化遗址的保护以及运河古城的再开发利用，可以借鉴国内外案例，制定资金策略，拉动社会资本投入，促进这些偏向于公共价值属性地区的项目顺利运转。

（3）连带开发策略。

连带开发是以社会责任分摊为原则，要求开发商在项目开发的同时，附加建设公益项目。一般情况下，连带开发可分为强制性连带、奖励性连带与协商性连带三种形式。不同形式的连带开发也有不同的适应范围，在我国城市设计中强制性连带较多，后两种连带形式较少。但奖励性连带与协商性连带在经济增长压力大且可用土地有限的情况下效果较为明显，对引导项目开发商提供城市需要的建筑、场所、设施具有积极意义。②

枣庄可将连带开发作为一种有效引导手段，增强政府机构在城市建设引导工作中的灵活性。但这需要专家学者详细研究社会责任分摊比例，还需要在不断的积极实践中摸索，制定出一套成熟完善的规章制度，同时应避免开发商视其为利益交换的工具，避免出现权力寻租空间。

6.3.2.3　营销文化资本策略

（1）催生城市事件，举办各种大型会议活动。

要继续办好国际石榴文化节、运河遗产保护论坛、奚仲造车研讨会、墨子国际学术交流会等活动，争取更多国家级、国际级高端会议在枣庄召开，同时结合会议开展文创展示活动。要充分发挥文化特色优势，以"匠心枣庄"品牌打造为抓手，激发文化创新力；着力推进传承运河文化记忆；积极推动非遗文化活态传承等，打造文化"两创"新标杆，催生城市文化大事件。如，鲁班是中国建筑业的鼻祖及木匠鼻祖，春秋时期鲁国人（今山东滕

---

① 高源. 美国城市设计运作激励及对中国的启示［J］. 城市发展研究，2005，12（3）：59-64.

② 高源. 美国现代城市设计运作研究［D］.南京：东南大学，2005.

州人），发明了众多的木工工具、古代兵器和农业机具等，在枣庄一带留下了许多传说故事，成为国家级非物质文化遗产。"鲁班奖"即"中国建设工程鲁班奖（国家优质工程）"，创立于1987年，便是以鲁班的名字命名，由中国建筑业联合会（后改组为中国建筑业协会）进行组织评选，是我国建筑行业工程质量的最高荣誉奖，目前主要在北京等城市举办并颁奖。枣庄作为鲁班的故乡要积极向中国建筑业协会，申请鲁班奖在枣庄的举办权或承办权，让鲁班奖来到它的家乡，通过鲁班奖颁发大会、论坛等大事件提高枣庄建筑工程质量水平和城市影响力。

（2）加大对外宣传力度，扩大文化旅游产品在国内外的影响力。

可以组团到北京、上海、广州等经济文化发达地区开展宣传，与实力雄厚的旅行社、大学社团组织等建立合作关系，吸引游客到枣庄旅游。同时，在国内外知名媒体、重大展览活动、旅游活动、宣传活动上，实行全方位、系列化的宣传。枣庄具有几千年文化的积淀，孕育出了凝聚当地百姓手工智慧的各种非物质文化遗产手造，如北辛土陶，阴平毛笔制作技艺、鲁班锁、滕县松枝鸟、洛房泥玩具、鲁南花鼓、柳琴戏、皮影戏、鼓儿词、鲁南玻璃制作技艺、泥沟青花布印染……要聚焦打造"枣庄手造"活态传承新模式，通过手工艺资源与景区、园区、云端等紧密融合，努力把"小手艺"做成"大产业"，使"手造经济"成为提升枣庄城市品牌的加速器。

（3）促进文化与经济的可持续互动。

文化传承动力的一个重要方面来自市场，民族的就是世界的，要把民族文化和民族产业结合起来，发挥它的市场价值。可以把民族的文化因子放到旅游景区中去发展，放到社会的舞台上去展示，放到群众中去弘扬和传承。例如，将皮影戏、红山峪民俗、软弓京胡、民间唢呐等文化适当包装并推向景区，使其逐渐产生经济效益，催生更多的创意文化产品，促进文化与经济相融合，达到经济催生文化、文化衍生经济的可持续发展效果。

6.3.2.4 建立健全地方法规

完善地方法律法规，使枣庄的人文景观与民俗文化发展有法可依，有法可循。综观国内外保存较好的历史文化名城，大部分都制定了法律法规。

以苏州为例，苏州先后颁布了《历史文化名城保护规划》《苏州园林保护和管理条例》《苏州市市区河道保护条例》《苏州市古树名木保护管理条例》《苏州市古建筑保护条例》《苏州历史文化名城名镇保护办法》《苏州市古村落保护管理办法》《苏州市昆曲保护条例》等20多项法规和规范性文件。这些规章制度从整个古城到古树名木，从建筑实体到隐性文化等各个方面予以全方位的保护。[①]

　　近年来，枣庄大力实施法治政府建设，优化政府职责体系和组织结构，推进机构、职能、权限、程序、责任法定化，提高行政效率和公信力。枣庄通过法治政府建设示范创建，激发内生动力引领、带动作用，仅城市建设领域就出台了多项法规制度，如《枣庄市山体保护条例》《枣庄市城市市容和环境卫生管理办法》《枣庄市城市房屋拆迁管理实施办法》《枣庄市治理常见住宅工程质量通病暂行规定》《枣庄市光明大道规划管理办法》《枣庄市城市绿化管理办法》等。在人文景观建设方面，需要持续加强制度规范化体系建设。只有在有法可依的前提下，人文景观的保护、传承和创新才能成为现实。

---

① 汪长根，蒋忠友. 苏州文化与文化苏州［M］. 苏州：古吴轩出版社，2005.

第7章
枣庄典型人文景观传承与创新的实施路径

前文系统地对人文景观理论开展了研究，分析人文景观的内涵、特性及构成要素，人文景观传承与创新的本质与方法建构，在此基础上，分析了枣庄城市变迁与历次规划对城市人文景观的影响，对现存问题进行了解析。本章从枣庄典型性的人文景观出发，对运河文化、工业文化、红色文化、石榴文化等的传承和创新提出策略和建议。

7.1 运河文化传承与创新策略

2019年2月，中共中央办公厅、国务院办公厅印发《大运河文化保护传承利用规划纲要》，勾勒出大运河文化保护传承利用的路线图、任务书和时间表。2021年，国家文化公园建设工作领导小组印发了《大运河国家文化公园建设保护规划》，指出大运河国家文化公园的未来发展方向，优化总体功能布局，整合大运河沿线8个省市的文物和文化资源，按照"河为线、城为珠、珠串线、线带面"的思路，加大管控保护力度，加强主题展示功能，促进文旅融合互动，提升传统利用水平，推进实施重点工程，传承和发扬运河文化。早在2008年，枣庄市结合大运河文化产业带建设，启动以保护运河文化为主题、以弘扬台儿庄大战精神为核心的台儿庄古城重建工程，笔者作为台儿庄古城重建指挥部负责人之一，全程参与了台儿庄古城的重建，结合在台儿庄古城重建工作中的思考，总结如下。

7.1.1 恢复建设台儿庄古城

历史上的台儿庄，曾是运河上一座商贾云集、建筑风格独特、文化底蕴深厚的秀美古城。1938年4月台儿庄大战，结束了日本军队不可战胜的神话，鼓舞了世界人民反法西斯的信心。台儿庄经此一战扬名天下，但这座古城也在炮火中变成一片废墟。

基于对运河文化保护和传承以及枣庄城市转型发展需要，2006年枣庄开始酝酿重建台儿庄古城。台儿庄不仅有大运河上最丰富的古建筑，城内还有18个汪塘，15千米的水街、水巷，老百姓筑台为屋，随汪而居，以船代步，可以摇桨逛全城。据称这里有"世界上最多的二战遗址"。古城内有53处弹痕累累的古墙、古屋，是世界上"二战"遗存最多的城市。世界遗产组织规定，因"二战"战火毁坏、具有重大文化价值的古城，可以作为文化遗产来重建。重建台儿庄古城，能够有效地传承城市文脉，展现台儿庄悠久的历史、灿烂的文化，进一步弘扬民族精神，推动文化旅游业发展，有效提升服务业带动力，促进经济增长方式的转变，解决居民就业和富民的问题，实现文化保护与传承，同步带动经济发展（图7.1）。

图7.1 台儿庄古城胜迹复原图

7.1.1.1 恢复建设台儿庄古城的基础条件

台儿庄历史悠久，形成于汉，发展于元，繁荣于明清。唐代台儿庄之名就有文字记载，而见于明崇祯十二年（公元1639年）运河防务碑上的文字记载，"台儿庄"之名才正式流传。明朝万历年间，京杭运河自韩庄改道流经台儿庄后，逐渐形成水旱码头和商业重镇，人口剧增。《峄县志》载："台儿庄跨漕渠，当南北孔道，商旅所萃，居民饶给，村镇之大，甲于一邑。"明末筑土圩，派驻巡检司。清顺治四年（公元1647年）改筑砖城，修建东、西、南、北砖木结构四大门，城门巍然耸立，蔚为壮观。城垣严整坚厚，易守难攻，被誉为"山东的南大门、徐州的北门户"，具有重要的军事战略地位，向来为兵家必争之地。台儿庄古城能够恢复重建，得益于没有经过大规模的旧城改造，至今仍保留着大量明清时期运河的水工设施，老城区里保存了大量古代民居、汪渠，古城的肌理、道路和水系框架基本完整。

（1）大运河的历史文化遗存保存完好。台儿庄运河开挖于明朝万历年间，遗留在城区的古运河段全长约3千米，基本保持了原来的风貌格局，其运河古驳岸在大运河沿线城镇中保存最完整、规模最大，南岸为土驳岸有纤道遗址，北岸为条石砌垒，共有十余处古码头，现存明清修建的古运河石驳岸共长1270余米，除远波桥东约100米被掩埋外，其他部分都保持了原貌。特别是古城南墙即运河沿岸街道女墙和码头"水门"的设置均有典型的地方特征，是京杭大运河沿线最为独特的一道景观，被世界旅游组织誉为"活着的运河"。[①]古运河南岸保留有能够体现明清运河沿岸居民生活特点的古村庄——纤夫村，有27座百年以上的茅草屋，被誉为"京杭运河仅存的遗产村庄"（图7.2、7.3）。

---

① 上海同济城市规划设计研究院，同济大学国家历史文化名城研究中心. 台儿庄古城区修建性规划［R］. 2008.

图7.2　纤夫村（兴隆村）　　　　　　　图7.3　古民居

（2）城市传统空间格局保存完好。

① 台儿庄古城原有城池空间格局较为完整。历史上古城城墙高耸，南北各有2个城门，东西各一个城门，构成完整的城市形态。月河街、丁字街、顺河街、鱼市巷、姜桥街、阴沟巷及街区中的小巷如王公桥巷、柴火市巷、鸡市巷、庙巷、罗家巷、竹竿巷等古街巷纵横交错，基本保持了原有的街道尺度和走向。

② 城区传统水系景观格局较为完善。台儿庄地处南北气候过渡带，以古运河为主河道，形成了独特的城区水系。特别是护城河和城内的一些汪塘水渠，是中国传统城池空间格局的典型代表，具有较高的历史价值、科学研究价值及生态环境景观作用。[①]原有城墙城门毁于战火，但护城河基本保留下来，北护城河、西护城河保存完好，东南面护城河遗址犹存，汪塘中庙汪、两半汪、牛市汪、花门楼汪、龟汪等保存较好，这些汪塘与护城河通过明沟、暗渠相互贯通，洪涝时成为天然的蓄水池。

③ 古城随汪而居的居住形态得以传承。台儿庄地势低洼，为了抵御洪涝灾害，当地居民在水边筑台，台上建屋，房子依汪而建，人随汪而居，创造了北方台居式的居住方式，临水而居不同于南方，但又有南方的滨水环境空间（图7.4）。

---

① 上海同济城市规划设计研究院，同济大学国家历史文化名城研究中心. 台儿庄古城区修建性规划［R］. 2008.

图7.4　台儿庄的汪塘水渠

可以说，古运河是古城的"心脏"，古街巷是古城的"骨架"，传统水系是古城的"血脉"，随汪而居是古城的"肌肉"，共同构成了一个城市有机体，因此也具备了重建台儿庄古城的基本条件（图7.5）。

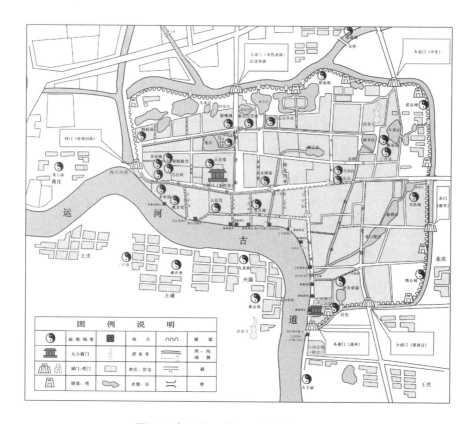

图7.5　台儿庄20世纪30年代城区示意图

7.1.1.2 台儿庄古城的定位

通过对台儿庄历史遗存和文化的深入调研和挖掘，明确了以大战文化、运河文化和鲁南文化作为台儿庄古城重建的文脉基础，也明确了台儿庄古城"大战故地、运河古城、江北水乡、时尚生活"的发展定位。"大战故地"是切入点，通过保护性恢复台儿庄大战遗存，展现抗日战争的壮烈场景，打造"二战"纪念地。"运河古城"是灵魂，重建了参将署、县丞署、泰山行宫、关帝庙、天后宫、复兴楼等特色建筑，恢复丁字街、顺河街、车大路、大衙门街等明清时期风貌和建筑。"江北水乡"是亮点，修复了古运河码头、驳岸等水利设施，恢复汪渠相连的城市水系，贯通整个城区。同时，在古运河南侧的新运河航道，以南水北调泵站建设、运河复线船闸建设为依托，开挖运河人工湖，培育运河湿地景观，展现现代运河的自然风光。"时尚生活"是卖点，引入现代生活方式，在古城内建设各种酒吧、咖啡屋、餐馆、温泉度假等现代休闲消费场所。同时结合对运河花鼓等非物质文化遗产的发掘和展示，开发参与性强的运河文化项目，让游客充分体验运河文化的丰富内涵（图7.6）。

图7.6 台儿庄城区现状及古城规划范围示意图

7.1.1.3 台儿庄古城的重建规划

2006年11月，枣庄启动了台儿庄古城的抢救性挖掘整理工作（图7.7）。一是查阅《峄县志》《滕县志》《兰陵志》《兖州府志》等30余部地方史志，深入研究《明清小说与运河文化》《漕运文化》等300余部运河史料，以及《盛成台儿庄纪事》《台儿庄事情》《血战台儿庄》等200余份战地史料，为古城重建提供史料基础。二是从美、日等国家收集了大量的战地史料和战地照片，找到了战前古城大量的建筑和城市风貌图片。三是走访了27名80岁以上的老人，请教了130余位专家学者，进一步印证台儿庄的建筑和台儿庄古城风貌特点。历经近3年的深入考证和研究，勾画出台儿庄古城的历史原貌和文化内核。

总体鸟瞰

图7.7 台儿庄古城一期规划总平面图和总体鸟瞰图[①]

委托上海同济城市规划设计研究院、同济大学国家历史文化名城研究中心编制了《台儿庄古城历史文化名城保护规划》《台儿庄古城区修建性规划》（以下简称《规划》）。《规划》以历史遗存为依托，构建集观光游览、文化体验、休闲度假、爱国教育、会务商务等功能为一体的古城旅游

---

① 上海同济城市规划设计研究院，同济大学国家历史文化名城研究中心. 台儿庄古城区修建性规划［R］. 2008.

区。规划范围南起运河北堤，北至护城河，东至枣庄二中西墙、和平路东侧，西至兴中路、台兰渠，总用地面积约200平方千米，包括1938年前的台儿庄古城的6个城门和古运河南岸用地。古城重建规划一期工程核心区规划范围西起西门桥、东至万通路、南至运河北堤、北至繁荣街北侧，规划面积75.8平方千米，确定了11个功能分区、8大景区和29个景点，总建筑面积37万平方米。其中A区占地面积38155平方米，建筑面积30295平方米，约占古城一期核心区的十分之一，主要建筑景点有参将署、天后宫、私塾、驿站、吴家票号、大院、商铺、茶楼、酒楼和传统民居。以大战文化、运河文化、鲁南文化为主脉和文化内核，统领台儿庄古城的重建。2008年4月，枣庄抓住运河申遗和台儿庄大战胜利70周年的机遇，启动了台儿庄古城重建工程，将这座被炮火毁坏的古城重新展现给世人。①

7.1.2　传承与弘扬运河文化

台儿庄地处亚热带和温带气候的过渡地带，处于我国南北气候过渡带，位于大运河的"腹地"，自然和人文景观具有南北交融的特点。台儿庄运河文化的原始基因是齐鲁文化，但运河贯通后，因其处在南北过渡带的独特位置，北方的燕赵文化、明朝移民的秦晋文化，以及南方的江淮文化、吴越文化等一齐涌入台儿庄，南北运河文化在此融合交汇，成为京杭大运河南北文化的分水岭和融合地（图7.8）。

台儿庄古城的恢复建设就是保护、传承、延伸与创新传统文化的载体。古城内的历史遗址遗迹作为历史文化的象征，体现了古城的遗产价值；将运河文化、传统民俗文化、非物质文化遗产等融入休闲、娱乐、餐饮、住宿、展示活动中，人们可以从历史中汲取运河文化的博大精深；以运河文化为元素，再加上齐鲁文化，构建一条以运河文化为母语的产业链，创造文化价值；通过对传统文化的传承与延伸，再加入现代人对居住环境等方面的需求，创造出符合新时代特征的文化体系，从而把文化创新的价值融入人们的

---

① 台儿庄古城保护开发建设委员会. 关于台儿庄古城重建情况的新闻发布辞和台儿庄运河古城重建项目简介［R］. 2008.

图7.8　台儿庄古城建筑实景

日常生活中，衣食住行中浸染着文化的丝丝脉络。

7.1.2.1　多元建筑文化的保护

台儿庄处在京杭大运河沿线，云集了大批晋商、徽商、浙商、闽商、粤商，是辐射苏鲁豫皖和沪浙闽等地的一座重要商埠城市。各地的客商依据自己的居住习俗及宗教信仰，建设了各种风格的建筑，经过200多年的发展，台儿庄成为融合八大建筑风格于一体的古城，是南北交融、中西合璧的结晶。古建筑门类繁多，主要有北方大院、鲁南民居、徽派建筑、水乡建筑、闽南建筑、欧式建筑、宗教建筑、岭南建筑等（图7.9）。

对于古城镇来说，砖、木、石料等建材都是一样的，但文化内核不一样的。台儿庄古城重建，重点就是把文化基因融入有形建筑，让古城在原有风貌、形态、规制等历史的基因上复活，使之能够成为世界文化遗产。

（a）北方大院　　　（b）鲁南民居　　　（c）徽派建筑　　　（d）水乡建筑

（e）闽南建筑　　　（f）欧式建筑　　　（g）宗教建筑　　　（h）岭南建筑

图7.9　台儿庄古城建筑风格

（1）对现有遗存进行最严格的保护。妥善处理遗产保护与城市开发的关系，制定了严格的遗产保护方案，把遗存的古驳岸、古码头、古船闸、清真寺、关帝庙配殿、中和堂、胡家大院、繁荣街上的民居和店铺等，都原封不动地保留，保存古城95%的道路肌理和水系框架（图7.10）。同时，在保留53处弹痕累累的古墙、古屋等遗存基础上，建成大战遗址公园，供人们回忆战争的惨烈，凭吊烈士的英灵。

（a）天主教建筑　　（b）基督教建筑　　（c）伊斯兰教建筑　　（d）佛教建筑

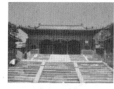

（e）道教建筑　　　（f）泰山庙建筑　　（g）天后宫建筑　　（h）关帝庙建筑

图7.10　台儿庄宗教建筑

（2）毁于战争的建筑复原。设计上遵循"原空间、原风貌、原尺度"，建设上遵循"原来的材料、原来的工艺、原地的工匠、原来的空间"，追求历史的原真性。

①复原古城风貌。在搜集到380多张台儿庄老照片（图7.11）的基础上，邀请一流的规划、古建、文化、旅游专家，"华山论剑"，博采众长，绘制

图7.11　台儿庄大战历史照片

出古城复原图，并据此制订了古城重建规划。像在美国战地记者罗伯特·卡帕拍摄的照片中，发现了当年台儿庄徽派风格的建筑；在李宗仁视察战事的照片中，发现了闽南风格的建筑；在荷兰记者伊万斯拍摄的纪录片《四万万人民》中，发现了广东客家建筑。依据这些影像记录，对中正门、西门、泰山娘娘庙、久和客栈、万福驿站等1000多栋老建筑，一一进行了复原。

　　②复制文化基因。第一，延续已有的文化基因。从全国筛选出30多家最好的古建队伍、1000多名老工匠，完全忠于历史，用真材实料、古法来建。像天后宫，当年福建客商筹集会费，历时几十年才建成，材料都是从泉州运来的。此次也请来泉州的古建队伍，从当地采购原材料，按原样还原。像关帝庙，当年是由平遥商人集资建的，就请平遥的古建队伍来建，保证了建筑风格的一致性。参与古城重建的很多老工匠都六七十岁了，再过几年他们的手艺可能就失传了。从这个角度说，台儿庄可能是最后一座"手工版古城"（图7.12）。

　　第二，还原缺失的文化基因。过去城内老街路口的石头都要切掉一块，成为圆弧而不是直角，体现儒家文化的谦让，"拐弯抹角"不伤人。现在各

图7.12 古城天后宫

地重建的建筑很少有抹角，从这个细节上说，一些文化基因就缺失了。在台儿庄古城重建中，每一个拐弯都修成抹角（图7.13），把缺失的文化基因复制出来，使之能够传承下去。像古代的街巷，基本上都是弯的。就是因为儒家文化讲究谦让，辈分最高的选最好的位置建房子，辈分稍低的让一些，再低的再让一些，让着让着

图7.13 台儿庄古城的抹角

街道就成了弯的。古城的月河街等街巷，都是按原样来修建，弯弯曲曲，体现"谦恭礼让"的文化内涵。

③ 融入外来文化基因。像万家大院（图7.14），主人万郎中祖籍山西，当年利用漕运夹带货物，挣下了四十万两银子的家业，在暴富心态驱使下，修建了一处晋派风格的大院，使用了大量精美的木雕、砖雕、石雕。在原址按原样重建，不仅豪华和精美程度丝毫不亚于当年，而且在匾额、房间及院落布局等建筑细节上，充分展现了孝文化以及晋商文化传统。像古城内的徽派建筑，采用了西方的雕塑手法，雕刻的内容却是中国传统的文化。这是由于台儿庄是中兴公司的重要码头，很多外国人在此生活，带来了西方的建筑文化，形成了中西合璧的独特建筑风格。

图7.14　古城万家大院

（3）建筑功能上创新。

图7.15　台儿庄古城参将署

① 标准上创新。严格按照遗产和文物标准来重建，确保每栋建筑都能成为古建精品。像砖块间的灰缝，一般古建不超过10毫米，而台儿庄古城的要求是不超过5毫米，每一块砖都经过打磨，做到了"磨砖对缝"。像台儿庄古城参将署（图7.15），专家在验收时发现屋脊不符合武官官署的规制，承建单位立即返工重修。有人称，台儿庄古城是"可以用放大镜看的古城"。

② 理念上创新。建设数字古城、节能古城、生态古城，体现现代工艺水平和功能需要。在古城内的地下管沟、给排水系统，隐蔽工程中的强电、弱电，地下热能等再生资源的利用，以及无线网络、电子监控等方面，都按现代城市功能的要求建设和配置。

③ 设计上创新。对部分建筑创新升华，打造新的亮点。像船形街，就是根据运河上的船文化习俗进行创意设计，寓意大河行舟、一帆风顺，既符合现代审美要求，又满足古城消防功能需要。像步云桥（图7.16），就吸收了中国传统廊桥的特点，结合运河历史变迁和文化习俗设计建设，寓意平步

图7.16　台儿庄古城复兴楼　　　　　　图7.17　台儿庄古城区步云桥

青云。像古城内的街巷、院落，充分融入水元素，街巷全部以水相连通，院院有水，院院有文化，既体现江北水乡的特点，也满足人们亲水的心理需求（图7.17）。

7.1.2.2　江北水乡风貌彰显

　　水是万物之源，人类的历史就是遇水而居，繁衍生息，水也是台儿庄古城的特质（图7.18）。中国传统城镇选址多为依山傍水的风景胜地，城市的历史文化也因有水而丰富多彩。

图7.18　台儿庄古城全景图

　　历史上的台儿庄是地势低洼的洪水走廊，老百姓筑台而居。清康熙《峄县志》上记载 "江北峄县与江南水乡无异"。城内有花门楼汪、龟汪、庙汪、两半汪、牛市汪等大大小小的汪塘几十处，彼此以明沟暗渠相连通，形成了汪塘、水沟、渠道、护城河和大运河相通的完整水系。城内汪汪相连，汪河相通，用于洪涝时蓄水、调节水位。这种北方特有的汪塘水面因为与江南水体的不同而呈现出不同的形态特征，形成街、河、村相依的城市空间格局，营造出汪渠相连、随水而居的景观风貌。

　　明清时期，台儿庄依靠得天独厚的水源优势，沿着大运河和古城的地势，开挖了第一道护城河；改革开放之初，台儿庄城区西移北扩，为治理城区水患，又开挖了第二道环城河；2007年以来又投资2000多万元，沿着小黑河故道，开挖了第三条环城河；台儿庄的第四条环城河，就是东到涛沟河、西接大沙河这两条重要的运河支流，还有小季河、四支沟、胜利渠等河流。尤其是在台儿庄古城南侧，随着国家"南水北调"工程的实施，仅大运河的新、老航道就有4条河流，可谓"一城老街半城汪，十里渔火千寻梦"。一位古城专家评价说，无论江北江南，在20平方千米的小城里，能有4条河流层层包围，还有长达百里的环城河，是非常罕见的（图7.19）。

图7.19　台儿庄古城实景

完善的水系空间布局是台儿庄打造水城文化与其他运河古城镇的差异所在。在台儿庄古城的重建中，恢复了古城历史上的城池水系风貌，恢复"逐汪而居"（图7.20）的古城汪塘风貌，以及根据今后古城功能性的需要开挖的水街水巷，构成具有台儿庄古城特色的水系结构。此外，如何能够让水在古城内充满灵性和生命力，让水在古城内"活"起来，并不仅仅是建几个水汪、水渠的造水工程能解决的，而是要让人和水有更多的亲近机会，让人能

图7.20　台儿庄古城"逐汪而居"

够感受到推窗望水、开门亲水、夜晚枕水的居住生活。在每一院、每一河再现"一河渔火、歌声十里"的景象，彰显齐鲁文化风貌，展现江北水乡韵味。

目前，台儿庄古城拥有18个汪塘的水街水巷，可以舟楫摇曳、遍游全城，成为独具北方特色的古水城。2013年5月，台儿庄古城被美国有线电视新闻网（CNN）评为"中国最美的四大水乡"，同时当选的还有安徽宏村、江苏周庄、广西黄姚等地。

7.1.2.3　非遗文化的传承与发展

建筑、街巷、水系等是承载台儿庄古城文脉的形，非遗文化则是文脉的魂。台儿庄运河沿岸保存着大量非物质文化遗产，形成了四大体系：台儿庄老字号商业文化遗产、运河漕运文化遗产、台儿庄民俗文化遗产、宗教信仰文化遗产。[①]

（1）老字号商业文化。台儿庄传统的店铺主要集中在老衙门大街（繁荣街西段）、老丁字街（繁荣街中段及丁字街）、月河街、顺河街北段、小街（姜桥街）、鱼市巷。其中尤以老丁字街、月河街、小街最为繁华。沿街商业主要以各类杂货铺、饮食店为主，间有一些作坊式店铺，如缫丝厂、酱园、油坊、酒厂等，另有几家钱楼、药店医馆、戏园与客栈等。其中不乏一

---

① 上海同济城市规划设计研究院，同济大学国家历史文化名城研究中心. 京杭大运河（台儿庄城区段）与台儿庄大战旧址保护规划及台儿庄大运河历史街区保护与发展规划［R］. 2008.

些"老字号"，如曾为慈禧御厨的彭起所开的彭起饭店、酒楼会宾楼，中医药店德和祥、中和堂药店，尤家所开的豫祥酱园和诚茂油坊，钱庄恒济永，仁寿堂、保寿堂、义顺恒糕点等。

（2）运河漕运文化。台儿庄是漕运枢纽，在明代设置了巡检司、闸官署，在清代又增设了县丞署、守备署、总兵行署、参将署等军政机构。其中参将署，俗称"大衙门"，设中军参将一员，秩正三品，所辖官司有千总、把总和外委千总、把总等，分防京杭运河枣庄段260里。此外，台儿庄的船民们长期在水上作业、生活，逐渐形成了其独特的生活习俗、信仰与禁忌，如喝酒要留"水路"、翻鱼叫"抬鱼"等独特的船民饮食文化，也逐渐创造了具有鲜明行业特色的船工号子。

（3）台儿庄民俗文化。在大运河漫长的沧桑历史中，台儿庄逐渐形成了具有地域特色的民俗文化。一是饮食文化。台儿庄饮食文化非常考究，集中了中国八大菜系的特色，注重"色、香、味、名、特、质"，有"吃在台儿庄"之说，涌现了张家狗肉、马家牛肉、冯家驴肉、运河鲤鱼、赵家糁汤、菜煎饼、辣子鸡、黄花牛肉面等地方名小吃。二是台儿庄民间文化艺术具有鲜明的地方特色，如寺庙音乐、船夫号子、唢呐古曲、运河花鼓、渔灯秧歌等；龙灯、狮子、高跷、旱船、竹马、黑驴、锣鼓、皮影（图7.21）等艺术风格独特，又有别于其他地区；由"拉魂腔"发展起来的柳琴戏，融合了高腔、青阳、乱弹、昆曲、皮黄等中国南北方戏剧的精粹。民间博彩娱乐项目，如斗禽、斗虫、麻将、马吊牌、叶子戏等，也经运河传入（图7.22）。

图7.21　台儿庄古城皮影戏

图7.22　台儿庄古城民俗活动

（4）宗教信仰文化。台儿庄明清时期的宗教文化非常发达，靠运河生活的人们，面对无数的危险和灾难，自然就产生了对神的崇拜、对自然的敬畏。依照信仰，凡事都要问神明，台儿庄就有了"七十二庙"之说，寺庙遍布四关，各庙都有固定的香火日和庙会，号称运河"小佛城"。《峄县志》之卷六《风俗志》说：近代峄县（台儿庄）的各种教会，如清净教、罗祖教、五荤道教、三点会、八系会、哥老会、安庆会等，皆经运河由江南进入。到了近代，天主教、基督教随运河传入本地，台儿庄也就形成了佛教、道教、伊斯兰教、基督教和天主教五大宗教和谐共生的社会环境。城内富商和普通的商贩与工匠艺人，平等相处，彼此尊重，各修各的庙宇。

7.1.2.4　运河文化与战争文化的结合

与运河沿线城市相比，台儿庄的革命战争文化是最典型的。台儿庄大战是继平型关大捷后，正面抗日战场上第一场胜利，台儿庄也因此被誉为"中华民族扬威不屈之地"。台儿庄大战旧址保存了台儿庄大战留下的各类重要战争文化遗存，包含了当时的指挥中心、巷战地、争夺攻防节点、防御阵地、攻防线路等较为完整的战争遗产体系，是中国近代战争纪念地重要组成部分，具有十分突出的价值。[1]台儿庄古城目前保存了大量的弹孔墙及建筑，见证了当年中国人民为抵御外辱不屈不挠、保家卫国、抗战必胜的决

---

[1] 上海同济城市规划设计研究院，同济大学国家历史文化名城研究中心.京杭大运河（台儿庄城区段）与台儿庄大战旧址保护规划及台儿庄大运河历史街区保护与发展规划［R］.2008.

心，见证了台儿庄巷战激烈的场景，这在其他战争遗址是非常少见的。台儿庄是世界上二战遗存最多的城市（图7.23）。

图7.23　台儿庄古城战争遗址

7.1.3　以文化激活台儿庄古城

对传统文化的创新就是要将历史文化留存原来拥有的价值恰当地呈现出来，用设计语言、民俗语言、历史语言通过文化创新展示出来。文化是台儿庄古城发展的根和魂，要保持台儿庄古城发展的活力，大战文化、运河文化、鲁南民俗文化就要得到充分展现。同时，也要兼顾旅游的特性，实现文化展示与旅游的有机结合，古为今用，通过文化价值体现促进文化的保护、传承与发展（图7.24）。

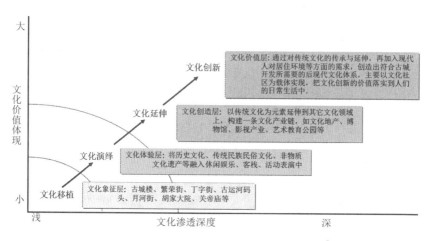

图7.24　文化渗透深度与文化价值体现的关系①

---

① 成都来也旅游策划管理有限责任公司. 台儿庄古城开发构想建议书汇［R］. 2007.

（1）保留传统记忆。通过传统文化与古建筑的有机融合，不仅保留传统的建筑记忆，还保留传统的文化记忆。像古城的街道，都是根据原来的空间尺度复建，使人们能够看到两旁所有的建筑，不会遗漏任何一家商铺的信息。像柳琴戏、运河大鼓、鲁南皮影等民俗文化，都在古城内得以传承。可以借鉴天津古文化街，引入滕州的北辛土陶、西集伏里土陶、洛房泥塑等本土特色文化项目和泥塑、剪纸、刺绣、草编、竹编等传统工艺，形成"前市后坊"的开发形式，整个作坊内产品的加工过程、工艺技术可作为一个展示项目向游客开放。在游客观看文化艺人现场制作表演的同时，也为游客提供参与制作的机会。在台儿庄古城的街巷里，能看到浓厚的江北水乡的韵味，欣赏到美轮美奂的手工艺品，能听到动人美丽的传说，感受到淳朴浓郁的乡土风情、南北交融的民俗文化、浓厚的历史人文气息，让外国人感到很中国，让老年人感到很怀旧，让年轻人感到很时尚。古城的重建可以再现当年古运河的繁华与兴盛。

（2）打造文化空间。重点打造"四个百"，实现文化遗产的活态传承。一是"百庙"，保护现在有的清真寺等老建筑，恢复建设关帝庙、天后宫等不同建筑风格的庙宇。二是"百馆"，以大战文化、运河文化、鲁南民俗文化为主线，规划建设了100多个博物馆，打造国内最为集中的"博物馆部落"。为了让博物馆真正"活"起来，将一个博物馆办成一个产业，实现自身发展的良性循环。像运河酒文化体验馆，不仅有各种酒器藏品展示，还有酿酒工艺、民间酒习俗等酒文化展示，开发系列的大战酒。三是"百业"，古城内的店铺一店一品，把传统的、民族的、手工的工艺，在这里进行集中展示，传承运河文化民俗工艺记忆。四是"百艺"，规划建设非物质文化遗产博览园，为全国各地的非物质文化遗产搭建展示、交易、传承的平台，已引入几十个非物质文化遗产。结合文化空间的打造，让古城"活"起来，积聚人气，重视弘扬本地的市井文化。鼓励本地居民参与古城的百馆建设和商业经营活动，对真正具有地域文化色彩和保护价值的老字号店铺，应鼓励入驻古城区经营，同时给予减免税收、挂牌认证等优惠，授予地方特色等荣誉。

（3）"旧瓶"装"新酒"。在传统建筑的"瓶子"中，装入可吸纳现代业态的"新酒"。如拟做酒吧的古建，都临河而筑，客人在古香古色的房间，可以斗酒说唱、隔岸对歌、船岸拉歌。昔日古城内的吴家票号，是日昇昌的分号，现在既是一个票号文化博物馆，又是一个咖啡馆，人们可以在休憩中感受传统文化的神韵。在丰富传统业态中，应最大限度地保留本地居民在古城区内生活，可以请回八十岁以上的老人和有代表性的民间艺人，无偿或低价给他们提供住所，请他们在博物馆、展示馆里与游客见面、签名、合影、举办讲座，展示其手工艺品，表演、传授技艺，他们就是古城的文化大使。又如，特色交通运输业也能为台儿庄古城增添流动的风景线，如游船、马车、人力三轮车、抬轿子等，既能发展当地经济，也为游客增添了乐趣。

古城保护专家阮仪三教授指出，"历史城镇不同于一般城镇，它有深厚的历史文化积淀，包括物质文化、精神文化和制度文化，是人类社会发展的历史见证和文明结晶，主要用于生产精神产品，丰富人类精神文化生活"①。基于文化资源的精神生产与精神产品，要发挥其经济功能，结合发展旅游业，讲好台儿庄故事，讲好枣庄故事，讲好美丽中国故事。

7.1.4 以现代科技提升台儿庄古城品质

历史空间是在当时的经济发展水平与生活方式下形成的，而生活在其中的现代人的价值观、生活方式已远远不同于古人。台儿庄古城的空间格局和建筑形式是传统的，但其必须符合当代人的生活方式和生活需求。因此，在台儿庄古城重建中，仿古不能泥古，在开发利用历史文化资源中适当注入现代元素，并与现代科技最新成果结合，才能达到推陈出新的效果。

（1）生态古城。保护与合理利用一切自然资源，提高人类对城市生态系统的自我调节、修复、维持和发展的能力，使人、社会、经济、自然协调发展。台儿庄古城基本上属于新建古城，可以在某种程度上按照生态环保要求和古城风貌的总体控制要求，实现古城建设的生态环保节能目标。

① 建立生态水循环系统。即古城所有的污水全部排入地下污水管道，进

入城区东部污水处理厂。处理达标后的水，经过运河湿地生态净化后，再排放到城区水系里。

②建立完善的给排水及排污系统。基于对历史文化街区传统风貌的保护和控制，古城内的管线应全部入地埋设，由于传统街巷路幅狭窄，采用综合管沟形式解决综合管线铺设的问题。同时，通过设置雨水的收集、储存、净化等设施，将处理过的雨水输送到古城河流水系，达到雨污分流的效果。在发达国家，这一技术已较为成熟和完善，例如赫伯特·德莱塞特尔在德国波茨坦地区进行了有关雨水收集利用的系统设计（图7.25），用储存在地下蓄水池里的雨水满足用水需求。①

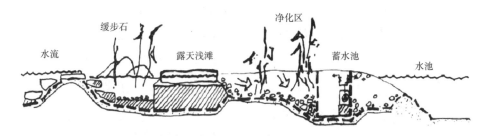

图7.25　德国哈特斯海市政厅广场：溪流穿过一个净化区流入露天水池

（2）节能古城。采用最新的节能减排技术，实现古城的可持续发展和低碳排放。

①地热、太阳能等新能源的利用。台儿庄具有较为丰富的地热资源，地热泵站可节省30%～40%的空调运行费用，作为古城辅助供热工程系统。太阳能成为古城辅助供能手段，古城内照明灯具采用节能灯具，在不影响古城风貌的前提下，一些非主要游览街道和支巷的仿古照明路灯、景观庭院灯采用太阳能光电板，对于一般风貌控制区域的公共建筑和民居，通过屋面、墙面和太阳能光电板一体化设计，提供太阳能供热制冷和热水供应系统。

②建筑的节能降耗。建筑自身的节能，主要包括建筑材料和建造构造的

①〔德〕赫伯特·德莱塞特尔. 德国生态水景设计［M］. 任静，赵黎明，译. 沈阳：辽宁科技出版社，2003.

节能，以及建筑内部照明和采暖系统的节能。墙体保温材料和节能门窗的设计和使用可大大减少热量的损失，加上利用传统方式建造的房屋，本身就起到节能的作用。

（3）智慧古城。随着旅游形态的逐渐转变，智能化的旅游服务需求越来越强烈，需要建设台儿庄古城智慧旅游平台，为游客打造"以人为本"的智慧旅游体验。

利用物联网、云计算、新一代通信网络等先进的信息技术，结合台儿庄古城的实际情况，建设智能高效的信息技术支撑体系，包括网络系统、指挥调度中心、人脸识别系统、智慧监控管理系统等23个子系统，打造"一平台、二中心、四版块"，"一个平台"即营销管理平台，"两个中心"即指挥中心与大数据中心，"四板块"即智慧管理板块、智慧服务板块、智慧营销板块、链接接口板块。建立了数字化管理示范，实现了景区全天候智慧营销、智慧服务，让古建筑与新技术有机结合，有力地促进了文化的延续。

7.1.5　营造古城整体风貌的和谐

台儿庄古城的建设应注重整体风貌的维护，作为古运河沿线上保存较好的古城，要积极发挥其原真性的特点，鼓励古镇因拆建迁出的原居民回迁，并调整入住古镇人群的文化结构和年龄结构。坚持新建景观、改建景观与保留景观和谐统一，使新、旧景观融合一体，达到"集体记忆"的融合再现。对建筑肌理过大的地方进行整治，在重建运河古城的同时应首先控制整体的城市风貌，在古镇区域与其他现代化区域应逐渐过渡与对话，避免冲突。

（1）保护古城风貌。为了保持古朴优雅的传统历史风貌，江南水乡古镇普遍采取了"保护古镇，建设新区，发展经济，开辟旅游"的发展策略。如周庄、角直两镇的做法都是分成两个部分——新区和古镇分开发展，两个部分内容和要求各不相同：新区以发展建设为主，按现代要求合理布局；古镇以保护为主，主要起居住、商业和旅游的功能。建设高品质的新区，以吸引人们迁移到新区去，这样使古镇的人口得到疏散，有效地减少对古镇的破坏。让新区承载现代城市新功能，把历史和记忆留给古城。

（2）处理好新城与古城的关系。为确保新区建设与古城风貌协调，相得益彰，在新区和古城之间要设置一定宽度的缓冲带作为不同风貌的过渡，最有效的是在古城和新区之间留出一定宽度的绿化空间，作为两者在区域上和心理上的隔离带，并且创造一种可以停留、交往、游憩的生态空间，建成融文化、绿化与水系一体化的环城公园，在改善城市空间环境品质的同时，也为欣赏古城历史风貌提供了游览的空间。

（3）建立管理制度。为了保证古城风貌的整体性，借鉴国外经验，制定法定的建筑导则。法定的建筑导则和房地产捆绑在一起交易，成为房屋所有权转让的必需文件和业主必须遵守的法律文件。区规划管理部门成立专门的建筑委员会，负责对古建筑设计、装修和维护控制。可喜的是，2013年11月29日山东省第十二届人民代表大会常务委员会第五次会议通过《山东省台儿庄古城保护管理条例》（以下称《条例》）。《条例》明确规定：台儿庄城区规划区范围内应当严格控制建筑高度，设定重点控制区、过渡控制区和一般控制区。台儿庄古城保护规划以及详细规划未经法定程序不得修改；确需修改的，应当按照原批准程序报经批准。《条例》的出台，在很大程度上对古城的可持续发展和保护起到了重要的作用。

（4）避免古城过度商业化。国外历史古城的发展有两种方法：一是完整地保护古代城镇原貌，再现历史情境，如美国的威廉斯堡。二是保护古城特色，展示传统风格，以意大利威尼斯和佛罗伦萨为代表。台儿庄古城比较合适第二种发展模式，既为旅游经济提供了发展空间，也不影响古城的生活气息。从周庄、乌镇、甪直、西递、西塘、同里、枫桥、木渎等著名古镇发展来看，无论是保护性开发，还是建设性开发，都最大限度地保留本土居民在古城区内生活。国内很多古城镇、风景区由于过度商业化，都在慢慢失去原住民，这是值得台儿庄古城借鉴的教训。例如，云南丽江古城居民目前一半以上是外来人，当地的文化正在被慢慢地同化，古城局部地段近年来出现了不正常的居民迁移。居民出于商业利益的驱动，把住房改为商铺，或自己经营，或出租，然后迁到新城居住。这样原本集居住、商贸、旅游于一体的历史街区，慢慢演变为商贸旅游区，丧失了街区的历史真实性、居住生活原真性，如不加以控制将影响丽江古城的价值。^①在保护有形的山水、建筑的同时，还有不可替代的本地居民和本地文化需要细心地呵护。

7.2 工业文化传承与创新策略

在20世纪60年代，随着科学技术的发展和产业结构调整，许多过去作为经济支柱的工业基地完成了历史使命，许多企业关闭或歇业，产生了大量被淘汰的工业厂房、仓库和生产构筑物。20世纪七八十年代以来，西方国家经过反思，开始逐步重视对旧建筑的再开发利用，逐渐形成了一种新的文化遗产观念，认为工业遗产也是人类进程的历史见证，历史产业类的保护越来越受到各国的重视，在保护城市历史文化、实现可持续发展的目标推动下，进行了广泛的历史工业建筑再利用的实践。在一些城市中，这些老厂房、仓库、构筑物被作为"工业遗产"保留，并赋予新的功能和形式。这使得这些产业建筑在不断的更新中获得了新生，成为城市新的亮点。

"工业遗产"是指工业文化的遗存，具有历史、技术、社会、建筑或科学的价值。这些遗存包括建筑群与机器、车间、工场和工厂、矿山处理与提炼遗址、货栈与仓库、能源产生、输送与使用的遗址、交通及其所有基础，以及用于有关工业社会活动（诸如居住、宗教信仰）的遗址。

2006年4月18日，国家文物局在无锡举行首届中国工业遗产保护论坛，论坛上通过了《无锡建议》，标志着中国工业遗产保护工作正式提到议事日程。目前，"工业遗产"已引起我国各界人士的关注，并已有大量有关工业遗产保护传承方式的研究，以及对"后工业景观"的改造创新研究。

国内外较为常见的方式有以下几种：① 创意产业园区模式。城市工业废弃地再利用，是带动地区复兴的一种有效方法之一，也是工业遗产保护再利用的一种方式。让文化艺人进驻，集群经营文化艺术产业，并形成特色新社区——艺术家群落。创意产业园为文化创意活动的产生创造平台，促进交流。② 工业遗产旅游模式。对工业遗产保护再利用的一种方式，它是在废

---

① 王大骐.丽江消失与重生［J］.南方人物周刊，2009（41）：62-67.

弃的工业旧址上，通过保护和再利用原有的工业机器、生产设备、厂房建筑等，改造成的一种能够吸引现代人们了解工业文化和文明，同时具有独特的观光、休闲和旅游功能的新方式。[①]③ 保护利用转换模式。工业建筑物、构筑物的保护性再利用，通过内部功能的转换和外部立面的更新，为历史工业建筑物注入新的活力，延续和发扬历史文化特色。

枣庄曾被称作"鲁南煤城"，遗留着丰富的矿业遗址遗迹，至今仍保存完好的中兴矿务局大楼、东大井、煤矸石山等历史遗迹，以及窑神庙碑碑文、中兴公司股票、矿徽等矿业开发史籍，是不可再生的文化资源；与煤炭有关的人物众多，既有政界、军界、商界名人和地方名流，也有普通百姓，上到至总统、总理，下至乡民、窑工，历史文化底蕴十分深厚，是中国煤炭工业发展的缩影，见证了枣庄工矿历史的发展。更好地保护和利用这些工业遗产，盘活"沉睡"的资源，是一个重要研究方向。

7.2.1 中兴工业遗产保护与利用

前面章节对中兴公司发展历程和工业遗产进行分析，在参考了大量工业文化遗产保护方法后，结合中兴煤矿历史、遗产价值，对中兴工业遗产保护与利用提出对策建议。

1. 中兴煤矿历史及遗产价值

（1）枣庄城市发源地。枣庄是一座因矿而立的城市，城区内有大量工业遗产。1878年，中兴煤矿公司成立，其发展带动了枣庄城市的发展。在中兴煤矿公司成立之前，枣庄地区煤炭开采以民间私营为主，矿井小而分散，周边城镇主要沿河流呈点状分布。中兴煤矿公司成立后，为方便职工生活，建设了"中兴新街"（今市中区中心街），这条长约100米的街道在民国初期发展为最初的枣庄市集，后再次升级为十字街，成为枣庄较为繁华的地带。1912年，中兴公司建立的全省首条商办铁路——台枣（台儿庄—枣庄）铁路竣工通车，之后临枣（临城—枣庄）支线与津浦铁路连轨通车，加快了煤炭向外运输和开采。随着煤炭产业的发展，枣庄城镇发展迅速，1928年，枣庄

---

① 张静. 城市后工业公园剖析［D］. 南京：南京林业大学，2007.

镇建立（今市中区），直属于峄县，成为枣庄地区的中心城镇。1958年，峄县政府迁到枣庄镇，1960年将县改为市，1961年成为省辖地级市。1976年，在原枣庄镇设枣庄市市中区，枣庄镇从一个采煤小集镇成为市域内核心城市。

（2）重要工业遗产地（图7.26）。中兴煤矿公司作为枣庄工业的代表，在140多年的发展历史中留下了建筑、遗址、街区、文物、档案、股票、名人遗迹、非物质文化等丰富的工业遗产。目前，枣庄老矿区保存较完好或基本保存完好的矿业遗址有29处，包括1处全国重点文物保护单位、12处省市区级重点保护文物，形成了保护完善、门类齐全的民族工业遗产群（表7.1）。矿业生产遗址有中兴煤矿公司办公大楼（飞机楼）、中兴公司一号大井（南井）、中兴煤矿公司机务处、中兴煤矿公司发电厂、台枣铁路、地下采煤巷道、矸石山、台儿庄火车站等。矿业活动遗址有清真寺、老洋街（中兴街）、大坟子、白骨塔、枣兴堂、中兴车站（煤务处）、国际洋行等。矿业活动工具主要包括老矿灯、手摇计算机、马车灯、雾化灯、钟楼大钟、探采矿及加工运输设备等。

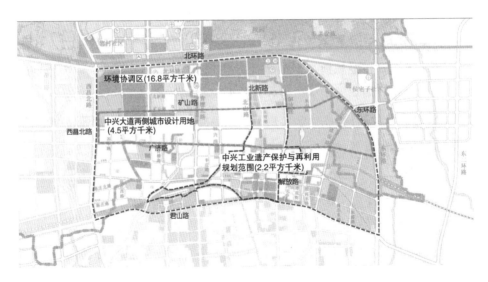

图7.26 2021年枣庄中兴文化风貌保护和传承区规划图

表7.1　枣庄中兴工业遗产文物构成清单

序号	名称	位置	年代	级别
1	中兴煤矿公司办公楼	枣庄市市中区矿区街道枣庄新中兴实业有限责任公司	1923年	国家级
2	矿师楼	枣庄市市中区矿区街道西岭街枣庄煤矿安全培训中心院内	"中华民国"	国家级
3	南大井旧址	枣庄市市中区矿区街道长兴街枣矿集团第一机械厂东	"中华民国"	国家级
4	北大井旧址	枣庄市市中区矿区街道长青街新中兴公司水处理厂院内	"中华民国"	国家级
5	东大井旧址	枣庄市市中区矿区街道东井路中兴煤矿公司工业园院内	"中华民国"	国家级
6	中兴电务处	枣庄市市中区矿区街道长青街中能热电公司院内	"中华民国"	国家级
7	枣兴堂	枣庄市市中区矿区街道西岭街枣庄煤矿安全培训中心院内	"中华民国"	国家级
8	中兴机务处	枣庄市市中区矿区街道长兴街枣庄矿业集团第一机械厂院内	"中华民国"	国家级
9	中兴洋房	枣庄市市中区矿区街道北马路街	"中华民国"	国家级
10	火车修理车间	枣庄市市中区矿区街道长青街西北约50米	清	国家级
11	铁道游击队旧址	铁道游击队旧址—老火车站位于枣庄市市中区龙山路街道车站街枣庄火车站院内、铁道游击队旧址—洋行炮楼位于枣庄市市中区龙山路街道车站街	"中华民国"	省级
12	国际洋行旧址	枣庄市市中区龙山路街道车站街	"中华民国"	省级
13	苏鲁豫皖边区特工委旧址	枣庄市市中区中心街街道南马路街113号	"中华民国"	省级
14	白骨塔	枣庄市市中区中心街街道南马路街西首	清（1911年）	省级
15	电光楼	枣庄市市中区矿区街道新生街原枣庄煤矿八大宿舍西北角	"中华民国"	省级

续表

序号	名称	位置	年代	级别
16	"文革"标语碑	枣庄市市中区中心街街道胜利路与公胜街交汇处	中华人民共和国（1966年）	市级
17	清真寺	枣庄市市中区光明路街道枣庄街	明	市级
18	大坟子	枣庄市市中区光明路街道振兴村	清（1893年）	市级
19	清真寺北寺	枣庄市市中区矿区街道新中兴装修公司院内	中华人民共和国（1921年）	区级
20	枣庄煤矿理发室	枣庄市市中区矿区街道新中兴公司印刷厂西侧	中华人民共和国（1959年）	区级
21	防空干道	枣庄市市中区矿区街道新中兴公司办公楼东侧	中华人民共和国（1965年）	区级
22	民国过车门	枣庄市市中区矿区街道长兴街枣矿集团第一机械厂南侧	"中华民国"（1924年）	区级

（3）历史文化核心区。中兴煤矿公司是中国近代民族工业的典范，见证了中国煤炭工业的荣辱兴衰，在近代民族工业史上占有不可替代的位置。中兴煤矿工业遗产的社会、文化价值还在于它最真实地记录着生产时期人们的生产、生活环境，寄托着在这片区域内工作、生活人群的情感经历，也记载着不同时期公司在社会中承载的责任，从设备到建筑，从工业区域到整个城市，如同生物体一样有机联系（图7.27）。

图7.27　中兴煤矿公司办公楼和附属办公楼

2. 保护利用对策

一般来讲，工业遗产具有丰富的历史价值、社会价值、经济价值、科技价值、审美价值，是文化遗产不可分割的一部分。各地根据不同情况和历史意义，采取商业开发、文化旅游、市政公用、绿色环保型等模式。结合枣庄实际，采取以下措施进行系统性保护和利用。

（1）梳理城市风貌。

城市风貌包含着一个城市特有的景观面貌、风采和神态。历史上的中兴煤矿公司（图7.28、7.29）经历了清代、民国、新中国成立后三个时期，具有中国、德国、日本三个国家的建筑风格，以德式和中式为主，古今交融、东西合璧的特点明显，反映了地域文化与外来文化的交汇融合，带有西方殖民时期和日寇侵略时期的历史痕迹，具有重要的历史价值和美学价值。

图7.28　中兴煤矿公司原厂区风貌

图7.29　中兴煤矿公司附近风貌过渡区城市风貌

在城市风貌规划中，根据建筑现状，对建筑屋顶、建筑檐口、立面划分、开窗形式、建筑入口、建筑材质、建筑色彩等要素编制风貌规划，对中兴文化进行传承、保护。一是突出时代特征。中兴煤矿公司拥有大量的民国建筑，这些民国建筑以西方古典建筑元素为基础，融合中、西建筑特点，西方的拱券结构混搭东方的坡屋顶形式，强调建筑的竖向线条，具有典型的民国时期特征。比如，始建于1923年的"飞机楼"，属欧洲哥特式建筑风格，整个建筑物层次错落有致，外观自然和谐，格外壮观夺目，东西两侧各建配楼一幢，与主楼相呼应。二是突出工业特色。工业建筑多数为工业类建筑或工业配套服务类建筑，有明显的工业建筑特点，简洁、厚实，追求功能、结构合理。三是强化色彩与环境融合。根据历史建筑的色彩提取和周围背景建筑的色彩分布分为点缀色、辅助色和基调色，合理运用色彩的生理效应与心理效应等特点，给人带来适宜的建筑环境并传递出时代建筑语言与情感。根据建筑的不同类型、建筑的不同分布和与历史建筑的位置关系、建筑的周围环境，应进行不同的色彩配置。

（2）调整功能区划。

要对中兴煤矿各功能区因地制宜地进行功能置换和空间利用，在保护优先的原则下调整功能区划，合理利用工业遗产。一是调整与文物古迹保护相冲突区段路线，划定保护范围；二是改造提升现有商业，增加特色商业，完善商业体系，优化街区、建筑界面；三是完善中心街两侧公共服务设施布局，增设社区服务中心，提升城市功能；四是结合文保单位增设绿色开敞空间，构建慢行系统，串联街区内开敞空间的支路慢行体验，构建"五分钟步行圈"。五是明确产业发展方向和产业定位，以新型服务业为核心，以文化创意产业等产业为载体，活化利用工业遗产，带动文创产业升级，让工业记忆代代相传。

（3）整治优化空间。

工业遗产不是城市的历史包袱，而是城市的历史资产。融入现代设计理念，可以将工业遗产转变为适应现代生活方式的城市景观和公共空间，使其成为人们休闲旅游的好去处，从而通过另一种方式获得重生。因此，对中兴煤矿历史遗存特色区域进行优化整治，要以特色区域、线性路径、城市节点为控制方向，从传统风貌、商业风貌、产业风貌区域等方面入手。传统风貌区应遵循现代城市发展空间格局，从建筑环境、尺度、形式等方面与地域风貌协调统一。融合现代建筑科学技术与民国建筑文化，在形式与功能统一的基础上形成整体化的建筑风貌片区（图7.30）。商业风貌区在功能定位上体现开放精神领地、多元活力街区，与煤矿保护区历史风貌相协调，从建筑形式、材料及空间手法、建筑技术等全方面创新，强调"现代建筑本土化"。产业风貌区定位为现代风格、活力、高效。建筑风格简约，平面布局以效率为主，采用行列式、独立式，建筑高度以低层、多层为主。

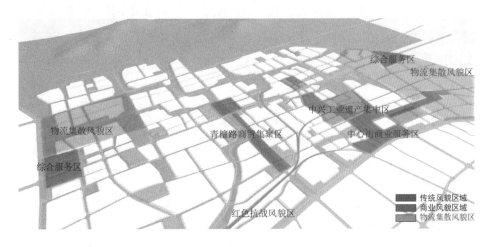

图7.30　中兴矿区传统风貌、商业风貌、产业风貌区域分布图

（4）做好路街设计控制。

线性路径是指车行尺度下的景观道路、交通性道路及特色生活性道路。生活性街道主要出行方式为步行，应不受过多机动车干扰、有足够的临街空间；景观性街道应具有自我主题与特色，兼顾机动车视点与行人感受；交通性街道机动车通道，应人车隔离，节点集中为机动车流，公交换乘服务，设施以对交通的疏导、标识指引为主。三种类型街道对出行方式的考虑具有不同的优先对象，这个准则贯穿相应街区的设计、审批及管理环节。着力做好特色商业步行街区、火车站、道路交叉口广场、游园等城市节点打造，对建筑高度、色彩、体量进行系统研究。

（5）营造空间场景。

改造工业遗址，留住记忆、增添活力是空间场景营造的关键（图7.31、

7.32）。依据人的感知与体验，充分利用现有的铁路、冷库、粮库仓储等大量工业遗存，推进生态、设施、服务、活动和文化等元素融合，对中兴煤矿周边空间场景进行再营造。在生态上，强调景与人的互动、体现季相变化的植物配置；在形态上，注重步移景异，特别针对工业文化遗产特点，强调俯仰结合，垂直空间立体的视觉体验；在业态上，强调职住平衡、单体建筑业态混合，注重日夜纷呈；在活态上，以行业活动、城市大事件等，提升活动组织丰富度，为地区设计平日、假日不同活动；在神态上，提高文化审美，运用公共艺术，注重文化体验，让市民记得住"乡愁"。

图7.31　中兴公司近代工业文明遗产分布图

（a）中兴公司机务处车间　　　　　（b）中兴公司机务处洋房

图7.32　中兴公司机务处工业建筑

3. 保护利用具体措施

（1）参观教育。采矿活动改变了原有的自然地形、地貌，其特定的生产流程及工艺水平具有鲜明的艺术特征和美学价值，煤矿工业广场中各类建

（构）筑物，如洗煤工业流程中的大型厂房和输煤皮带走廊、储煤仓、铁路、井架以及最终形成的煤矸石堆等，已经形成独特的造型、色彩和体量，对于城市环境及景观具有较强的标志性作用。要重点展示某些工艺生产过程，从中活化工业企业的历史感与真实感。参考国内外工业遗址公园建设的资料和经验，结合中兴公司遗址实际情况，利用旧铁路和挖煤车线开辟观光游览环线，建设煤文化广场，设立中兴公司史料馆、人物雕塑馆和煤炭博物馆。

（2）游览体验。矿区的地上、地下都是可开展游览及体验活动的场所，矿井、巷道、地下采煤区、堆积如山的矿渣、各种机器设备、厂房建筑以及矿区职工的生活区、活动区等，都可以进行适当的改造，使人们在游览过程中亲身体验矿产生产过程。要利用北大井、东大井遗址开辟井下探险旅游项目，加工制作煤精雕、煤矸石雕等工艺品，建成集科学研究与考察、游览观光、科普教育、娱乐购物为一体，开放式、独具风格和特色的矿山遗址公园。

（3）休闲娱乐。借助遗留下来的构筑物，结合当地自然山水及古树名木，创造人文与自然相交融的景观，适当改造一些遗留设施成为独特的休闲娱乐设施，增强园区的娱乐性能。鉴于中兴矿山公园处在中心城区的中心位置，南连万亩榴园、台儿庄运河古镇，西接微山红荷湿地、铁道游击队影视城，东临抱犊崮森林风景区等重要景点，要与旅游规划相衔接，编制工业旅游线路，形成工业旅游观光体系和层次丰富的线性文化景观空间格局。

（4）文化传承。依托枣庄民间文化团体，发挥民间文化爱好者的作用，收集、挖掘、整理和保存与煤文化历史相关的文字史料、实物史料、口碑史料，以及流传于民间的故事、传说、民歌、民谣等。以煤文化、当地民俗文化开发为主题，加强对非物质文化遗产的挖掘，使"煤文化"真正成为枣庄的另一张城市名片（图7.33）。

当然，进行空间场景再造时会面对一系列技术问题。例如，工业已造成的各种水土污染的处理，一些废旧设施的保护和利用技术，植被的恰当养护与配置等。这就需要我们借鉴国内外先进案例及研究，从这些成功的案例中寻找经验与依据。

图7.33 中兴公司办公楼背面
（俗称"飞机楼"，建于1923年，由德国设计师设计，欧洲哥特式建筑风格）

7.2.2 再现市南工业区

1. 市南工业区背景

市中区南部工业园兴起于20世纪六七十年代，是枣庄市传统工业聚集区和工业发祥地，为枣庄经济社会发展做出过重大贡献。随着市场经济的发展，一批老企业不能适应激烈的市场竞争，陆续进入停产、半停产状态。作为曾经对枣庄做出重大贡献的市南工业区本应在新时期成为拉动枣庄经济发展的发动机，却受到诸如产业结构转型、环境品质等因素的影响，一直处于尴尬的地位。面对枣庄经济快速发展的大形势，市南工业区作为枣庄市老工业园区改造的试点片区，应编制城市更新专项规划（图7.34），研究更新对策。

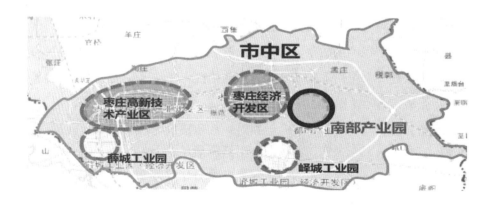

图7.34 市南工业区位图和规划范围

2. 打造"工业遗产走廊"

工业废弃厂房（图7.35）是枣庄市最具特色、最具识别性、最具历史印记区域，要保护好、传承好、延续好。结合城市发展规划，推进工业园区向综合性的城市园区转型，打造"工业遗产走廊"，把"工业锈带"变为"城市秀带"。

图7.35 市南工业区工业遗产现状

（1）优化片区功能。市南工业区应划定规划改造范围，建议规划范围北至人民路，南至十里泉路，东至解放南路，西至青檀南路，用地总面积约为3.4平方千米。鉴于规划片区内乡村农林用地、村民住区与工业用地相互交织，呈现半城市化的用地特征，应坚持一脉相承、核心引领、片区联动的有机更新思路，整合工业遗产、传承地区记忆、塑造旅游品牌，进行统一规划和城市设计，打造市南工业遗产走廊，形成"一核、五轴、五片"空间布局。"一核"，以博览会展、大型文化设施结合城市公园形成市中区南部的"城市客厅"和"生态绿肺"。"五轴"，即以青檀路为城市公共服务轴，以解放路为城市交通联系轴，以世纪大道为城市交通联系轴，以汇泉路为城南产业服务轴，以振兴路为社区公共服务轴。"五片"，即产业服务区：科技研发、商务会展等产业集聚地，现代办公与工业景观的结合，富有魅力的办公环境，是创意产业的空间载体；旅游休闲片区：游憩娱乐、健康产业集聚地，工业矿坑、农林植被等先天景观识别性强烈，适于成为东城区独具一格的文化消费场所；城市生活片区：生活消费、居住服务功能的集聚地，集中成片的大跨度厂房为大型商业和市民文化活动提供适宜生活空间，形成城市副中心生活圈；园北居住片区：以安置房和普通楼盘为主的社区，利用南面城市副中心生活圈的区位优势，建设可容纳一定开发量、功能齐全、配套完善的宜居社区，并方便安置居民就近工作。园南居住片区：以高档生态小区为主的社区，面向枣庄生态廊道和十里泉水源景观，建设枣庄高品质生态社区典范，需要结合周边发展规划。

（2）推动产业融合。市南工业区遗留大量废旧老厂区、老厂房、老设施等工业遗存，要整片区策划研究，推进转化为文旅项目，吸引创客、游客来体验这些特色景观和所蕴含的人文故事。以工业区旅游发展为例，摒弃单一观光型旅游方式向商务会展旅游、文化旅游等多元方式转变，满足多层次的旅游者需求。在社区配套观光旅游方面，要集中在城市生活区以及时尚休闲区由工业建筑群形成的特色街区中，以再利用的工业构筑物、铁路步道配合环境设计为观光资源，联合市中区枣庄煤炭工业旅游区形成工业旅游线。在休闲旅游方面，沿龙庭路以西，将既有工业用地转变为休闲旅游设施，以娱乐、特色餐饮、表演和LOFT式工艺品作坊的综合发展，与观光旅游区域形成连续空间格局，利用矿坑改造城市公园，将湖光景色、高档酒店、大型文化设施和水上活动作为旅游资源。在商务旅游方面：打造会展公园、展览、技术交流、住宿、餐饮、游览、休闲等产业（图7.36）。

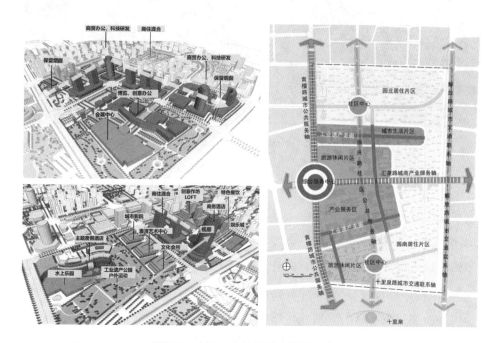

图7.36　市南工业片区概念规划示意图

（3）实施景观提升工程。遵循恢复生态性原则、功能性原则和经济性原则，将废弃的铁路改造铁路公园，以工业符号为创作语言，通过对废弃工业建筑、构筑物和工业设施的处理，使其呈现缤纷的现代艺术感，通过环保治理处理污染的沟渠，对河流生态线进行修复。沿汇泉路和青檀路形成十字形城市景观轴线，景观轴上宜增加道路绿化覆盖率，控制沿街景观界面和天际线。汇泉路和青檀路交叉口的开放绿地作为地区内平缓开阔的核心景观节点，同时以高层办公楼环绕开放绿地形成连续建筑界面和制高点。为了最大化利用景观资源，创造良好的景观界面，要对景观界面沿线建筑高度采取逐级递增的策略，使景观得以最大限度地分享（图7.37）。

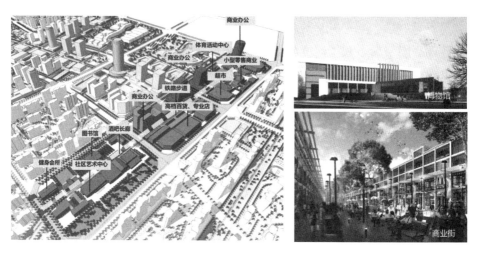

图7.37 市南工业产业分区意象图

（4）保护利用原工业设施。要加快推进工业遗产保护利用，深入挖掘工业遗产资源和工业文化底蕴，打造集城市记忆、知识传播、创意文化、休闲体验于一体的"城市客厅"，实现在保护中利用、在使用中保护，推动更多的项目申报国家工业遗产，提升工业遗产品牌影响力，为推动老城高质量发展增添新的动力。要利用原有物质基础，实现功能转换，赋予新功能，使历史产业类建筑在新的时代获得新生。这种方法是各国对历史产业类建筑及地段常采用的保护方法。[1]巨型塔吊、高大的烟囱、锅炉、高架铁路线等工业构筑物，往往被作为城市地标、城市近现代工业发展历史象征的符号直接保留，不仅珍藏了市民对城市已消失的功能的记忆，也为外地的游客提供了一个解读城市的历史见证物。例如，上海世博会将南市发电厂的大烟囱保留并改造为世博"和谐塔"，成为世博园区的标志之一。有些特殊的构筑物还可能被赋予新的使用功能，并且成为地区发展的动力。例如，宁波甬江南岸的工业遗产走廊历经十余年，已变身为集工业设计与研发、创意、观光等于一体的和丰创意广场。宁波老火车北站等一批具有独特风貌的老工业建筑被保留下来，当你喝着咖啡，望着窗外，老北站、白沙粮库、宁波海洋渔业公

---

[1] 张凡.城市发展中的历史文化保护对策［M］.南京：东南大学出版社，2006.

司发生的故事涌上心头。

工业类建筑功能转换和更新的方法十分多样，从使用功能上可以被改造为不同类型的建筑，包括博物馆、展览馆、艺术中心、培训中心等文化类建筑；商场、饭店、餐厅、电影院、会所等商业、娱乐类建筑；LOFT、单身公寓、住宅等办公、居住类建筑；还有集办公、会展、餐饮、娱乐、商业等功能为一体的大型建筑综合体等。对于具有较高历史文化艺术价值的工业保护建筑，一般采取完整保护历史建筑外貌，对其内部更新改造的方法；对于质量较好、立面完整、有一定的艺术价值的一般工业建筑，一般采取进行内部更新和外部改建相结合的方法，既保护好原有的特色，同时运用新的技术、材料和工艺局部改造建筑立面，使改建后的建筑具有鲜明的时代特征，如上海新天地对石库门建筑的改造再利用（图7.38）。

图7.38　市南工业片区工业遗产功能改造意向

枣庄作为老工业基地，遗留下来众多的工业建（构）筑物，大部分至今仍在使用，在建设文化艺术街区、改造工业建（构）筑物之时，可根据原有建（构）筑物的规模、结构情况、建筑质量，以及历史地段的边界条件的不同，采取不同的改造和更新方法，为历史工业建筑注入新的生命力，使之所代表的城市近代历史文化得以留存，让工业景观成为城市多元景观中一道独具特色的风景线。以下介绍的工业建（构）筑物改造案例，已经不仅仅局限于将工业建筑遗产转变为艺术场所这样的改造项目，而是努力在多样化的基础上，为工业建筑的改造创造出更多的思路，提供更多的选择。一是工业遗产线路，集中在城市生活区以及时尚休闲区由工业建筑群形成的特色街区中，以再利用的工业建（构）筑物、铁路步道配合环境设计为观光资源。通过青檀路城市主干道连接市南工业遗产、万亩榴园生态旅游区、枣庄煤炭工业旅游区三处重点资源的旅游线路，形成空间连续的旅游活动区域；二是休闲旅游线路，沿龙庭路以西，将既有工业用地转变为休闲旅游设施，以娱乐、特色餐饮、表演和LOFT式工艺品作坊的综合发展，与观光旅游区域形成连续空间格局；三是商务服务区，汇泉路会展公园容纳会议、展览、技术交流等专业性商务活动，住宿、餐饮、游览、休闲等消遣需求则与休闲旅游统筹解决（图7.39）。

图7.39　废弃厂房改造意向

7.3　红色文化传承与创新策略

从近现代史上看，真正使枣庄名扬于世的是红色文化。铁道游击队和台儿庄大战的事迹让世界知道了枣庄、了解了枣庄。在历史的长河中，前赴后继的共产党人在鲁南大地上留下了动人的故事和难忘的印记，红色基因在这片土地上赓续传承。

红色文化具有独特的价值功能：一是印证历史，二是传承文明，三是政治教育，四是发展红色旅游经济。总体上看，枣庄红色文化仍处于开发挖掘状态。目前枣庄各地保存的革命遗址共有60多处。各景区景点基本上是单独开发，缺乏整体布局，使各处无法有机联系而导致利用率低，没有充分发挥其爱国主义教育价值①。即使已经建成的一些红色文化景区景点，如铁道游击队影视城、小李庄也未充分开发利用。

7.3.1　整合红色文化资源

首先，整合全市的红色文化资源，在资源评估、总体布局、连片保护、展示利用、融合发展等方面进行顶层设计，将红色文化资源连缀成片，通力塑造枣庄"铁道游击队"和"台儿庄大战"品牌，把红色文化旅游发展规划同枣庄国土空间总体规划相衔接，规划打造一批红色旅游精品线路，建设一批富有特色的爱国主义教育、青少年思想道德建设教育示范基地。

其次，把铁道游击队纪念园、台儿庄大战纪念地与鲁苏豫皖重点红色旅游区串联成线。对接济宁、临沂、徐州的红色文化资源，创新旅游产品，实现融合发展，形成区域红色旅游线路，推动红色旅游与乡村旅游、生态旅游等业态融合发展，推出一批红色旅游融合发展示范区。京杭大运河申遗成功，对运河沿岸城市之间的区域旅游合作起到巨大推动作用。红色文化旅游可将红色文化、运河文化、孔孟文化深度融合，形成一系列主题明确、内涵丰富、影响突出的革命文物和文化资源，加快推动标志性工程项目建设，逐步形成涵盖爱国主义教育基地、博物馆、纪念馆、陈列馆、展览馆等的现代化、多样化红色文化展示体系，发展深度体验游和红色研学游，打造"铁道游击队""台儿庄大战"等品牌。

7.3.2　塑造铁道游击队红色文化品牌

枣庄推介自己时常用"三地"来吸引目光，即铁道游击队诞生地、中国民族工业发祥地、中国第一支股票发行地。抗日战争时期，枣庄党组织和八路军第115师主力部队领导人民群众，以抱犊崮根据地为中心，先后开辟和建立了滕峄边、运河、黄邱套、微山湖和湖东等几个抗日根据地；组建了八路军第115师苏鲁支队、运河支队、峄县支队、边联支队、五县游击队和铁道游

---

① 张开增.弘扬红色文化，服务科学发展［J］.枣庄通讯，2009（6）：28-29.

击队、微湖大队等武装力量。[①]

铁道游击队是抗日战争时期活跃在津浦铁路上的一支队伍，于1938年冬成立于市中区齐村镇陈庄，这是中国共产党领导诞生在鲁南地区的一支英雄的抗日武装，队员多为煤矿工人和铁路工人。他们配合主力部队，以微山湖为根据地，在临枣线上开展武装活动，飞车劫机枪，打票车，炸桥梁，扒铁路，断敌交通通信，屡立战功，被肖华将军誉为"坚持在敌占区的武工队，游击队里的一面旗帜"。著名作家刘知侠根据其故事写成长篇小说《铁道游击队》，后多次改编成电影和电视连续剧，成为家喻户晓的历史抗战故事。

7.3.2.1 开展"铁道游击队"寻踪之旅

"西边的太阳快要落山了，微山湖上静悄悄。弹起我心爱的土琵琶，唱起那动人的歌谣。爬上飞快的火车，像骑上奔驰的骏马……"《弹起我心爱的土琵琶》这首耳熟能详的关于铁道游击队的红色歌曲影响了一代又一代人。这首歌表现了抗日战士的英雄主义情怀，并配以民歌的形式创作而成，歌中自始至终洋溢着革命乐观主义精神，听到这首歌曲让我们仿佛回到了战火连天的战争年代，回到了枣庄人民不屈不挠、奋力抗战、抵御外辱的年代。它深刻体现了中国人的抗战精神、民族精神。正是这样的精神在人们心中埋下了爱国的种子和特别的情愫，给歌曲插上了飞翔的翅膀，历久弥新。

枣庄关于铁道游击队的景点、历史遗迹虽然较多，但分布较散，重复性景观较多，彼此之间难以互动。建议将这些资源进行整体规划，与微山县的微山岛衔接，将水上游线连接陆地游线，将有关铁道游击队的景区景点串联起来，将"小李庄—微山岛铁道游击队纪念园—薛城铁道游击队纪念公园、影视城、纪念馆—市中区老火车站—抱犊崮根据地（或临枣铁路线）"线路整体串联，寻找当年"铁道游击队"英勇抗战的踪迹，传承历史，激励后人。

在抗日战争时期，微山湖曾经是华中地区一条秘密的湖上交通线，成为延安至山东、华中两大战略区的必经之路。湖上交通线东起津浦铁路沙沟车站西的彭楼，西到单虞根据地，水路15千米、陆路70千米。在这条湖上交

① 张开增.弘扬红色文化，服务科学发展［J］.枣庄通讯，2009（6）：28-31.

通线上，活动在微山湖地区的铁道游击队、微湖大队、运河支队、滕沛大队等几支地方抗日武装，配合沛滕边县委、沛滕边联合办事处，曾安全护送了1000多名往返苏北、鲁南、延安的我党领导人。这其中有刘少奇、陈毅、肖华、罗荣桓、朱瑞等领导同志。陈毅同志途径微山湖，还留下了壮丽的诗篇："横越江淮七百里，微山湖色慰征途。鲁南峰影嵯峨甚，残月扁舟入画图。"

小李庄（图7.40）是一个位于滕州红荷湿地景区内的小岛，是当年铁道游击队的一个根据地，当年的老房子已被日军破坏，后来整修重建，35集电视连续剧《铁道游击队》就在此拍摄。村中设有铁道游击队刘洪大队长大队部、芳林嫂等故居，还有茶馆、粮仓、石碾、水井等，真实完整地再现了鲁南农村风貌和铁道游击队的遗迹。小李庄外是密密麻麻的芦苇荡，掩护铁道游击队战士开展抗日活动。

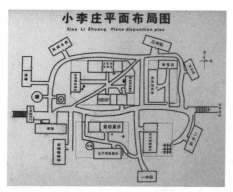

（a）小李庄平面图　　　　　　　（b）芳林嫂故居

图7.40　滕州红荷湿地景区内的小李庄

游客可以从小李庄乘船重走当年的微山湖交通线到达济宁市微山县的微山岛，同时观赏微山湖风光，回忆铁道游击队战士当年战斗的情景。微山岛是著名的抗日根据地，是铁道游击队、微湖大队、运河支队等革命武装成长的摇篮。坐落在岛上的铁道游击队纪念园包括铁道游击队纪念碑、纪念馆和大型群雕，是"济宁市爱国主义基地"和"山东省国防教育基地"。

微山岛西岸就是枣庄的薛城区，铁道游击队纪念园位于市中心，纪念园以铁道游击队纪念碑、纪念馆、影视城、"双雄墓"等组成，真实再现了民国时期的市井状况，重建了铁道游击队队员战斗场景和鲁南民俗文化等展馆，建有老枣庄的"老洋街""洋行""民居""店铺""炭场"等人文景观，在这里拍摄了40集电视连续剧《铁道游击队》。

枣庄老城区内至今仍保留着许多铁道游击队历史踪迹（图7.41）。老火车站是当年铁道游击队员的集聚点和主要活动地，至今保留有抗战时期的办公楼和铁路两旁的日军炮楼。在枣庄老火车站南，有一座四合院，这就是日军侵占枣庄期间开设的"国际洋行"旧址。铁道游击队先后两次夜袭洋行，杀死日本特务十余人，彻底摧毁了日军特务机关。日军占领枣庄后，中兴煤矿公司的办公大楼成为日军的办公场所，也是铁道游击队员时常出没的地方；始建于1891年的临城天主教堂，是时任铁道游击队政委郑惕的疗伤之地。在铁道游击队员集中活动的临枣支线上，还保存有过车门等民国修建的设施；抱犊崮是当年八路军第115师主力部队所在的根据地，都记载了铁道游击队员的英勇事迹。

（a）枣庄老火车站　　　　　　　（b）枣临铁路过车门（建于1935年）

图7.41　铁道游击队历史踪迹

7.3.2.2　持续营造抗战氛围

铁道游击队影视城是山东最大的民国建筑影视基地，已经形成一定的规模。目前依靠收取门票来经营园区。笔者去过多次，总感觉孤零零的一座座民国建筑空无人气，主要街道上零星摆着一些摊点，卖一些简单的旅游纪念品和小商品，民国风格的建筑外立面上突兀地挂着空调，有待进一步改善。小李庄也有类似的问题，只有静态的建筑和仿制物品展示，游客参观只能走马观花地看看建筑外形，缺少当年民风民俗的再现，空洞而乏味，缺乏历史情境的参与和体验。

小李庄和影视城不是严格保护的文物，而是为拍摄影视而建的纪念地，应以一种开放的姿态，选择与场所精神相符合的业态进入，如特色旅馆、餐饮、特色零售业等，使静止的、孤立的城"活"起来、"动"起来。组织优秀讲解员以及民间艺人组成演出队伍，丰富景点内涵，使游客白天参观游览，晚上观看演出，以文艺的方式再现当年战争的情景。另外，也可开设农家乐形式的旅馆，让游客参观、体验民国时代的居民生活。把它建设成活的"博物馆"，让民风民俗与民国建筑相得益彰，形成以抗战旅游为主题，体验地方民风民俗的商业旅游社区。在满足旅游客人住、游、购、娱、行需求的同时，更深入地推广地方文化。

近年来，枣庄市提出充分挖掘、高水准打造铁道游击队红色文化，将"全力打响铁道游击队红色文化品牌"列入政府工作报告，并明确提出建好一个展馆、搭建一个平台、唱响一支红歌、打造一个基地的"四个一工程"。当前，如何把红色资源利用好、把红色文化传承好是深入思考的问题。一是保存、保护好目前已有的历史遗迹和景点。二是进一步加强铁道游击队、运河支队、微湖大队、周营镇运河支队纪念馆、山亭区八路军抱犊崮抗日纪念园、鲁南抗日民主政权建设纪念园等景区景点建设。深入研究抗日革命武装的人物、事迹，利用影视、书籍、舞蹈、话剧、戏剧等多种形式进行宣传和教育。比如，在市民中大力推广传唱红色经典歌曲《弹起我心爱的土琵琶》铁道游击队主题歌曲。三是开展水上和陆上两条游线，水陆衔接，将所有有关铁道游击队的景点等串联成线，水上利用历史上微山湖交通线，开通从红荷湿地小李庄到微山岛的游船；陆上利用现有的临枣铁路线，开通从枣庄到临沂的红色旅游专列，旅游专列外形和内部装饰仿造抗战时期的老机车，让人们在历史环境中，追忆抗战往事，寻找先烈踪迹，感叹革命的艰辛，珍惜今天的和平生活。四是延伸铁道游击队红色文化，打造集铁道游击队纪念馆、纪念园、影视城、红色历史文化街区、红色书院、党性教育培训、策划建设临城老街等于一体的红色文化传承区域，吸引全国各地的游客来枣庄接受红色教育，深度了解枣庄。广泛开展红色旅游宣传推广活动，鼓励景区挖掘自身潜力，开展红色主题教育活动、红色教育研学游活动等，充分利用重大历史事件和中华历史名人纪念活动、国家公祭仪式、烈士纪念日等契机，开展爱国主义教育活动，培育爱国主义精神。

7.3.3 打造台儿庄"二战"纪念地

台儿庄因运河而兴，因台儿庄大战而扬名中外。在世界反法西斯战争史上，台儿庄大战不是规模最大的战役，却有着其他战役所不能比拟的历史意义：它是在中华民族面临绝望的危急关头，抗日战争正面战场上第一场胜利。台儿庄大捷彻底打破了"日军不可战胜"的神话。同时，还是世界反法西斯战争全面爆发前夕，维护和平的力量第一次给军国主义重创的战役，破除了军国主义不可战胜的神话。对此，毛泽东、周恩来都做过高度评价。毛泽东在《论持久战》中说："每个月打得一个较大的胜仗，如平型关、台儿庄一类的，就能大大沮丧敌人的精神，掀起我军的士气，号召世界的声援。"周恩来说："这次战役，虽然在一个地方，但它的意义却在影响战斗全局、影响全国、影响敌人、影响世界！"

台儿庄被誉为中华民族扬威不屈之地，维护世界和平之地，体现了战争与和平的永恒主题。1938年春的台儿庄大捷，使古城台儿庄一战扬名天下。古城被毁后，当时的国民党政府曾公开宣布，要重建台儿庄古城，遗憾的是没有行动。重建之后的古城，完好地保存着"二战"留下的53处战争遗迹，而与之相比，同为"二战"著名纪念城市的伏尔加格勒仅存1处蛋糕房遗迹，华沙古城仅保留2处人造的战争遗迹。2009年12月，台儿庄成为经国台办批准的全国首个海峡两岸交流基地。台儿庄古城的重建为打造台儿庄"二战"纪念地提供了契机，可以借鉴法国诺曼底把纪念地和度假地相结合的开发模式，将大战文化与古城的休闲度假、文化教育、商务会议、宗教文化、历史体验、文化娱乐进行综合性开发，聚力打造"二战"纪念地（表7.2）。

台儿庄古城每一个建筑、每一平方米的土地都记录着当年大战惨烈的历史和民族的精神，在每一处、每一景都能感受到70年前大战的情景，这座被"二战"战火毁掉的古城如今得以重现，成为世界上继华沙、庞贝、丽江之后的第四座重建的古城，世界第三座"二战"城市，并被确定为中国首家海峡两岸交流基地、国家文化遗产公园。

表7.2 台儿庄与世界上重要的"二战"纪念地比较

纪念地	区位	"二战"中的意义	主要吸引物	代表文化	城市旅游特色
波兰华沙	位于维斯瓦河中东段的两岸，是波兰政治、经济、文化和交通中心，也是波兰最大的城市	1944年华沙起义，消耗了德国法西斯有生力量。"二战"中华沙被炸毁，"二战"后根据原图纸复建	会议酒店、古城、城堡、王宫、博物馆等	"二战"纪念地文化、波兰文化	联合国文化与自然双遗产，以纪念馆与博物馆的形式来开发"二战"纪念地，同时兼有现代旅游功能。古城每座建筑物的外貌都保持了原来的建筑风格，而其内部结构和设施则是按照现代建筑技术进行改建
德国波茨坦	位于汉堡与柏林之间，区位优越	"二战"的转折点，波茨坦会议和波茨坦公告对彻底击败日本法西斯军国主义、赢得二战最后胜利起了积极的作用	宫殿、博物馆、城市公园、会议酒店、主题餐厅等	普鲁士文化、"二战"纪念地文化	德国著名的旅游城市，以文化遗产和"二战"纪念地为卖点，以森林湖泊为特色，营造出一个文化休闲、度假胜地、会议酒店的理想地
法国诺曼底	位于法国西北部，与英国隔海相望	诺曼底登陆是"二战"后期的决定性战役，开辟了欧洲第二战场	无数的纪念碑、烈士墓及博物馆、田园农庄、滨海度假区	"二战"纪念地文化、宗教文化	世界文化遗产，以诺曼底战争为主题，开发纪念馆、恢复战争遗迹，同时把纪念与度假相结合

续表

纪念地	区位	"二战"中的意义	主要吸引物	代表文化	城市旅游特色
湖南芷江	位于湖南西部，具有铁路航空交通优势	"二战"中受降的一个谈判地，也是世界反法西斯战争的重要组成部分	受降坊、芷江机场、中美联合指挥部等	"二战"纪念地文化、少数民族文化	以中日两国受降纪念地为核心，以单纯的观光游览为主
山东台儿庄	位于鲁南地区，通达性较差	台儿庄战役是中国军队第一次正面对日作战的胜利	纪念馆、史料馆、战争遗址	"二战"纪念地文化、古运河文化	以台儿庄大战纪念馆为核心，以单纯的参观为主，无其他旅游开发

资料来源：笔者根据相关资料整理。

7.3.3.1　构建台儿庄"二战"纪念地体系的设想

台儿庄"二战"纪念地体系由纪念馆、纪念碑、纪念广场、战争遗址和战争主题公园构成。古城内的西门桥和新关帝庙是当年台儿庄大战战役指挥场所；浮桥是体验当年台儿庄大战运河南北两岸往来行军运输场景和"破釜沉舟"的决心；清真寺是体验台儿庄大战攻防节点残酷战争场面；大战遗址公园主要位于双巷和鱼市街、丁字街、越河街一带的弹迹墙集中的地方，是体验当年巷战激烈场景的纪念公园。这些遗址与城外的台儿庄大战纪念馆、纪念碑、和平广场、老火车站、战争主题公园等节点结合起来，形成完整的"二战"纪念地体系。

（1）提升纪念馆、纪念碑和纪念广场。

大战纪念馆每年约有30万游客，现已免费开放。纪念馆主要是静态的展示，缺少互动性和参与性，纪念馆前的台儿庄大战纪念碑尺度较小。要完善提升台儿庄大战纪念馆等现有设施，新建国共两党合作文史馆，把纪念馆旁边的大广场改造为台儿庄大战纪念广场或和平广场，将和平广场、纪念碑、纪念馆、火车站与周边的运河、交通进行区域整体考虑，统一规划和景观设计，增加抗日英雄群雕，进一步丰富战争纪念的内涵、形式和功能，形成汇集多种要素的纪念地（图7.42、7.43）。

图7.42　台儿庄大战纪念碑　　　图7.43　台儿庄大战纪念馆广场（梁克霞摄）

（2）保护和利用好台儿庄大战遗址。

铭记那场艰苦卓绝的抗日战争，离不开那些唤起记忆的抗战遗址遗迹。英雄虽已远去，但伟大的抗战精神要通过这些遗址遗迹代代相传，屈辱的历史要有这些遗址遗迹让我们时刻警醒。探讨如何保护和利用抗战遗迹，让抗战遗迹"活"起来，让抗战精神"火"起来，是当前保护和利好遗址深入研究的重要工作。与国外的战争纪念地保护和利用相比，我国的战争遗址普遍没有得到良好的开发，资源利用不充分，社会认可度不高，规模小且较零散。首先，抗战遗址遗迹众多，保护、利用程度不一。展示手段大都比较落后，以静态展示为主，展示内容不够全面，不够生动、缺乏体验活动，文字图片多、身临其境少、情感讲述少等问题。其次，大部分战争遗址开发是单体的，与周边景点融合性不足。再次，开发利用理念落后，对于战争遗迹的旅游价值认识不足，地方政府对此开发投入不够。其四，我国的战争主题景区和景点知名度较低。[①]

台儿庄大战遗址是台儿庄古城的重要组成部分，涵盖了包括指挥中心、巷战地、防御阵地在内的完整战争场所遗存，构成了了解台儿庄大战实战场景的完整体系，并且李宗仁、池峰城等台儿庄大战的主要组织者和执行者均曾踏足这一片区域，大战中涌现一批保家卫国的革命英才和可歌可泣的英雄故事，使整个城区作为大战遗址地，有了大战人物的活动背景和内涵支撑。

① 殷英梅.中运河沿岸战争主题旅游开发研究［D］.扬州：扬州大学，2008.

台儿庄大战遗址主要有进攻路线、巷战区域、战争节点区域三种类型。进攻路线主要是各主要街巷和城门大道，如经过中正门、小北门和小西门的和平路、箭道街、台湾街等。巷战区域，主要集中在清真寺以南、关帝庙以北的繁荣街、鱼市巷、丁字街、双巷街、阴沟岸、车大路、太平巷、大局子西巷附近，一些建筑的墙体上还保存有较多的弹孔（图7.44）。战争节点区域主要有中正门、小北门、西门三处日军突破入城的节点，拉锯战的节点如清真寺、泰山行宫两处，中方指挥场所、关帝庙等，西门护城河桥洞作为战争的临时指挥所，尚有旧迹保存，其他战争见证区域，如运河浮桥、南清真寺等也是重要遗址。除了保护原有街巷格局外，现存有弹痕弹迹的墙体均需保留，还要加强保护战争节点区域的场景环境。①

图7.44　台儿庄的弹迹墙

繁荣街南侧、历史上阴沟崖两侧（包括袁家大院）为旧台儿庄区委党校所在地。根据现状弹孔墙分析和战士回忆录，这里是台儿庄大战在古城内发生巷战最为激烈的地段。可以按照交战双方的行军路线，模拟巷战情景，并设置一些战争设施，如壕沟、武器、栅栏、碉楼等，放置适量的弹壳、旧常见军用装备以及特定部队的物品（如特有的大刀、草鞋），构建大战遗址纪念公园。

遗址公园内的纪念、展示方式是多样化、立体化的。透明的玻璃地板

① 上海同济城市规划设计研究院，同济大学国家历史文化名城研究中心. 台儿庄古城区修建性规划［R］. 2008.

下方展示的是大战残留的枪支弹药，阵亡将士纪念墙记载牺牲英烈的名字和生平，对"古城门残垣断壁""炸浮桥背水一战""街巷战寸土必争"以及"弹洞前村壁""战役指挥部"等战争场景进行还原恢复，纪念墙体镌刻或嵌入阵亡将士最后的遗言、家书等，同时，要将抗战遗址遗迹作为践行社会主义核心价值观的重要资源，对其挖掘、保护、研究，更应重视利用。

（3）建设抗战主题公园。

主题公园是以特有的文化内容为主体，以现代科技为表现手段，以市场创新为导向的现代科技和人工景区。我国目前的主题公园类别丰富，然而以战争为主题的却比较少。国内大部分的战争主题公园，都是以展览为主，以爱国主义教育为主要目的。战争主题公园是一个以近代抗日战争为主题的军事主题公园，与台儿庄大战纪念馆形成动、静结合的两个节点。主题公园重在展示战争的残酷，注重还原真实性，博物馆式的展览只是其中的一部分，重点通过军事游乐项目参与性体验和活动，让游客在铭记历史同时，对战争进行再认识。

首先建立一座抗日战争博物馆，以台儿庄大战和淮海战役为中心，整合鲁南地区的台儿庄大战纪念馆、铁道游击队的遗迹和传说，淮海战役烈士纪念塔、马陵山、碾庄、苏北边区政府、王杰烈士纪念馆等革命胜迹，展示和抗日战争历史、战略战术、战斗武器、战争名人等相关的资料。博物馆以展示为主，但是避免单纯的图片和资料展示，多采用投影、3D电影等高科技的展示手法，注重对游客的教育和启迪，突出战争的残酷，激发人们对于和平的珍惜和向往。其中，抗日战争文化展厅主要通过翔实的资料图片、影视资料，展示战争相关文物，从战争的起因、过程以及战争付出的代价等角度全方位地展示我国的抗日战争史；军事武器展厅展示抗战期间敌我所使用的战斗武器；抗日战争名人厅以人物蜡像、图片、雕塑等多种形式展示我国抗日战争期间著名军事家的生平和主要事件。

除了展示型的抗日战争博物馆，参与性娱乐项目的多少及游客参与度也直接决定纪念公园的成败。参与性的游乐项目主要有以下几种：一是开发战场娱乐项目，模仿历史战争场景，设置壕沟、地下道、碉堡、岗哨，还设有水上战场，对战场重新设计，营造真实的战争气氛，吸引游客参与到"战争"中来，游客可以根据抽签决定自己属于哪一方，以战士或者是将领的身份参与战斗，亲身体会战争的感觉。在"开战"的时候要运用高科技的手段，可以对游客的战绩进行计分。二是定期进行主题表演，围绕抗日战争主题开展类型多样的主题表演，再现《铁道游击队》《台儿庄大战》等影视场景，这样既可以形象地展示历史故事，又可以增加游客的游览兴趣；还可以考虑用立体电影的形式，让游客产生真实的参战感觉；不定期地邀请知名的演艺界人士前来表演，承办一些文艺界的表演活动，还可以着力打造战争为主题的影视基地，通过影视扩大宣传，提高知名度。三是围绕武器开展游乐活动，如CS真人对战、射击馆等。此外，还可以开展青年野外拓展训练、野外生存训练等。

游客在纪念公园内的吃、住、行、游、购、娱等配套设施也要突出军事特色，景区内的交通工具可以是军事装甲车，餐厅的服务人员着装也要体现军事特色，可以建立几家军事主题餐厅，以不同的战役发生地来命名，如台儿庄大战餐厅、徐州战役餐厅等，将历史场景有机地融合到餐厅的设计风格中，供应的食品也体现出地域特色。纪念公园内还可以设置像战地指挥所、碉堡外形的酒吧、茶馆、咖啡店；建设像兵营的青年旅馆，搭建帐篷营地；纪念公园内的照明、座椅、垃圾箱与厕所等公众设施也要突出战争特色，如制作一些军事武器形状的垃圾箱。纪念品商店内出售军事特色设计和包装的各类纪念品，如服装、鞋帽、书籍、食品等。

7.3.3.2 国外开发利用战争遗址的特点

当今世界，利用战争遗址别出心裁地运营战争文化的旅游项目逐渐增多。越南战争时期的"胡志明小道"，以及胡志明市郊的地道群，已经开发成特殊的旅游景点；欧洲一些著名战争纪念地，如布鲁塞尔的滑铁卢古战场遗址，法德边境的马其诺防线，以及希特勒残害犹太人的集中营遗址、德国柏林墙等，也成为游人参观的热点目的地。法国的卡昂纪念馆、日本冲绳和平公园、美国的珍珠港事件纪念馆等，利用现代科技技术，生动地再现历史场面，让人们珍惜和平。^①研究这些开发较为成功的案例，可总结出如下特点。

（1）资料翔实，发挥纪念和教育功能。

法国诺曼底的卡昂"二战"纪念馆内陈列着大量"二战"期间的实物和图片，此外还包括一个多媒体图书馆和两个档案馆，藏有2万多册历史资料、1200多份视听文件、100多部电影、4.2万帧照片和3000多张招贴画，以及1万多件"二战"用品。来访者可以通过资料电影或者智能检索了解战役的每个细节。卡昂"二战"纪念馆的展览分为战争与和平两个部分。战争部分展览的是两次世界大战的历史、战争毁灭的城市和生命、"冷战"时期的关键人物和军备竞赛，资料丰富、场景逼真。和平部分则包括诺贝尔和平奖、不同文明与传统对和平的理解、需要团结与合作的集体游戏场地等。该馆每年要举办上百场纪念活动，强化其教育意义，而且针对不同的教育对象，采取了主动型的教育手段，与政府、社区、学校、出版界密切配合，将纪念馆变成了一座大课堂。

（2）主题化设计，构建整体纪念地体系。

美国围绕华盛顿国家广场，通过越南战争纪念墙、朝鲜战争纪念园和"二战"纪念园等一系列的纪念性建筑物对重大的战事进行记录，构筑了一个国家历史纪念群（图7.45）。美国的战争纪念物特别注重主题性，其主题是根据大多数人对这场战争普遍认识确定，并不一定宣扬胜利，而对有关的知识介绍处于次要的地位。朝鲜战争纪念碑的主题是"代价"，越南战争纪念碑主题强调怀念和痛苦，"二战"纪念园则强调胜利和团结。日本冲绳和平公园由战争遗迹、纪念馆和公园构成纪念地体系。法国卡昂纪念馆与诺曼底地区其他的40多处战争遗迹和纪念馆联动，形成区域性的"二战"纪念群，成为法国6大旅游区之一。波黑战争也给萨拉热窝留下了较多的战争遗迹。当地旅行社组织的战争旅游线路中，除了将萨拉热窝大教堂和布拉班加大桥纳入其中之外，还将周围美丽的风景区有机组合到线路中，受到游客的

---

① 殷英梅.中运河沿岸战争主题旅游开发研究［D］.扬州：扬州大学，2008.

（a）美国国家纪念碑

（b）"二战"纪念园

（c）越战纪念碑

（d）朝鲜战争纪念园

图7.45　美国华盛顿"二战"纪念群

青睐。

（3）实施历史再现，引发保卫和平的强烈共鸣。

亚利桑那纪念馆是纪念在珍珠港事件中殉难的美国官兵，由美国政府和私人出资建造，就在珍珠港司令部对面当年事件原发地的海面上，横跨在"亚利桑那"号战舰水下舰体上方。在纪念馆的白色大理石纪念墙上，刻着1941年12月7日在战舰上献身的1177名海军将士的名字。透过仪式厅的大窗口，隐约可见"亚利桑那"号战舰的舰体。在纪念馆中部，矗立着一根旗杆。旗杆下端并非连接在纪念馆的结构上，而是连接在沉睡海底的"亚利桑那"号主桅杆上。在陆地上的游客中心，有当时的幸存者为游客签名合影，离"亚利桑那"号纪念馆不远处的是美日签署"二战"停火协议的"密苏里"号战舰。纪念馆还开辟了一个很大的公园，记录了死于其他战舰的阵亡将士名单。亚利桑那纪念馆通过多种形式的纪念和展示，激发人们的爱国热情与对战争的思考。

（4）展示手法多样，加强与游客互动。

澳大利亚战争纪念馆充分利用光电模拟和录相设备，较全面地介绍了战争过程。舰艇、飞机、大炮、坦克、枪弹、战地图片、战地画作、战场模型等实物一一呈现眼前，甚至可以亲身参加模拟的场景游戏。日本的所泽航空纪念馆在开发设计上注重娱乐性和趣味性，馆内有可亲自体验航空感觉的三菱制波音747客机模拟驾驶舱，用各种模型来展现复杂的飞机结构，效果良好。

（5）尊重历史文化，避免过度商业化。

抗战遗址，承载着不容忘却的民族记忆，对其进行保护和开发，是为了缅怀和致敬先烈，为了警醒后人勿忘过去。总结国外比较成功的战地旅游开发项目，大都是政府作为开发主体，强调开发时重视历史文化，全景化展示战争场景，加强教育意义。战地旅游开发不仅是旅游开发的一种，更是国民受教育的重要形式，公益性是首要考虑因素。

7.3.4　开展多样化红色旅游

红色文化遗产是中华民族宝贵的精神财富。科学地保护与开发红色文化遗产，发挥红色文化遗产价值与功能，进一步加强革命传统教育，不忘初心、牢记使命，增强全国人民特别是青少年的爱国情感，弘扬和培育民族精神，对推动促进革命老区经济社会协调发展，具有重要的现实意义和深远的历史意义。

虽然这几年全国各地的红色旅游开展得红红火火，但也存在以下问题：一是以观光为主，体验和展示性不足，开发模式单一；二是红色旅游依托的旅游资源带有明显的政治色彩，主题活动日过后游客数量难以持续，旅游效益无法实现；三是配套建设不完善，缺乏旅游交通、旅游餐饮、旅游商品和旅游娱乐住宿等基础设施的配套。

在红色旅游发展过程中，进一步完善红色旅游资源保护体系，加速推进红色旅游与自然生态、历史文化、民族风情等各类旅游的融合发展，加快红色旅游精品体系与配套服务体系建设，让人们更好地享受红色旅游。文旅系统要策划主题突出、导向鲜明、内涵丰富的红色旅游活动，用"红色"感召市场，用"绿色""古色"等拓展市场，使红色旅游和其他旅游产品互为补充、互相促进、相得益彰，满足游客的多层次需求，推动红色旅游产品和服务不断提升。深入开展红色旅游五好（政治思想好、知识储备好、讲解服务好、示范带头好、社会影响好）讲解员培养项目，强化讲解员队伍建设，让五好讲解员成为红色基因的坚定传承者、红色故事的精彩讲述者、红色精神的生动诠释者、红色文化的忠实传播者、红色风尚的有力引领者。

7.4 石榴文化传承与创新策略

2018年3月，习近平总书记要求山东充分发挥农业大省优势，打造"乡村振兴的齐鲁样板"。这为峄城区打造以石榴文化品牌融入国家或省级发展战略提供了有利时机。2022年国务院批复，同意枣庄建设可持续发展议程创新示范区，要紧紧融入示范区建设，加快农业产业园建设，把产业发展与乡村振兴有机结合，实行三产联动，做到"一产做优、二产做深、三产做活"，积极打造百亿石榴产业集群。

7.4.1 石榴文化产业重构

（1）统筹化规划建设冠世榴园景区。

冠世榴园内景区景点布局分散，交通联系不便，交通标识缺失；除了青檀寺和万福园核心景区，其余景区景点因规模较小、缺乏特色，吸引力不足，因而难以融入大旅游线路，游客停留的时间一般为2小时左右。景区内散落村庄集聚，没有较好地整合提炼。要按照大景区一体化的理念，整体打造冠世榴园景区。比如，建设一条冠世榴园景观道路环线，将青檀寺、中华石榴文化博览园、一望亭、园中园、三近书院、匡衡祠、仙人洞等主要景点串联起来。景区道路要满足双向机动车通行，按照依山就势，高低起伏，富有意境，设计策划景观路线，制作交通标识和景区地图。道路两侧遍植石榴树，辅以其他果树花卉和与石榴有关的景观小品，建设成为流动的风景线和景观长廊。对青檀寺的"檀香榴市"，对现有的零售商店进行更新，沿街建筑可参考鲁南民居院落形式改造提升，形成汇集石榴茶制作坊、石榴酒制作坊、石榴根雕作坊、石榴护肤品、石榴饮品等石榴产业特色市场，形成冠世

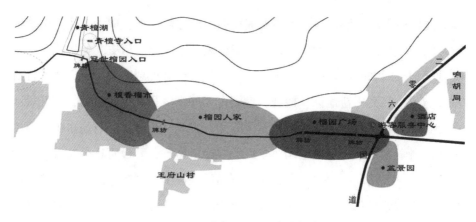

图7.46 冠世榴园主入口规划设想

榴园规模效应，彰显独特魅力（图7.46）。

（2）完善旅游配套设施。

聚力完善石榴全产业链，将榴园镇全域作为文旅小镇来打造，提升旅游集散中心景观品质，完善以旅游、商贸、休闲、居住功能为主，建设宾馆、酒店、会议中心、餐饮、购物等旅游配套设施，为旅游活动提供包括吃、住、行、购、娱的配套服务，文旅部门应对"农家乐"进行统一管理，设置一定的准入门槛，合格的给予挂牌，并在景区网站上公布名单和联系电话，供游客选择。此外，国内外著名景区都非常注重游客服务中心的建设，在冠世榴园景区主入口处建设高标准游客服务中心，提供景区介绍及购票、旅游咨询、旅行社及导游、住宿预订、休息、交通、停车、医疗救护等一系列服务，并设置专门的纪念品商店和游客服务区。游客服务中心宜采用鲁南建筑风格，并和周围的环境有机协调。

（3）提升人文景观品质。

青檀寺景区融自然、人文景观于一体，古朴典雅，尺度宜人，青檀满山，幽谷、虬树、古寺、湖光山色构成了古峄县八景之首——"青檀秋色"。要系统梳理当前存在的景点散弱小、停车问题突出、景区内农村脏乱差等问题，科学编制冠世榴园大风景区规划。按照生态优先、保护传承、开发利用的原则，编制石榴园风景区控制性详细规划，明确范围和内容，管控规划区域的无序建设，保护好石榴周边的山形地貌。把青檀寺为作为延伸生态空间和延续传统文化的核心，依托青檀风景区深厚的历史文化底蕴，统一整合规划范围内的地域空间、生态空间，深入挖掘规划区域历史文化，打造城大榴园生态文化新地标。撤迁石榴园东入口民房和其他建筑物，打开景区围合空间，显山露水，拓展石榴盆景园和停车场；改善景区与城市主干道的连接。科学规划建设冠世榴园风景区公共交通站点，开设直达公交线路，增加途经公交线路。在冠世榴园景区景观品质建设中，景观小品设计、施工应尽量采用本地材料，原始工艺，提升景观品质，让自然禀赋和人文景观交相辉映、相得益彰。

（4）推动石榴产业和旅游业融合发展。

后工业化时代的到来，使人们对生活有了不同的认识，旅游度假成为人们生活中不可缺少的一部分，旅游的内容也从以自然风景旅游为主发展到与民俗风情旅游并重。冠世榴园的景区都是观光游，缺乏休闲、互动、娱乐体验项目。石榴文化有着深厚的历史积淀和象征意义，与民俗风情结合必将成为旅游的热点。因此，应大力开发集石榴采摘、制榴叶茶、品茶韵、赏山景与吃、住、乐于一体的乡村生态休闲游项目，让游客参与其中，了解种植、采摘、生产、品茶的知识以及相关民俗风情。如，石榴园王府山村很多村民创办了"榴园人家"农家饭店，在朱村、和顺庄、王庄村等石榴园村庄，当地农民以石榴叶、石榴芽为原料制作的榴叶茶、榴芽茶，成为市场的"宠儿"。[1]目前来看，存在产业雷同，服务单一，环境不优，缺少特色的问题。建议将王府山村农家乐按照人文景观的标准打造，基于石榴文化背景下，挖掘历史文化，营造良好生态，开发石榴、山泉、书屋等自然与人文资源，使其成为步步有泉、处处有花、路路有荫，登高眺望，满目皆翠，处处清新悦人、神舒肤爽，谷幽境绝的世外桃源。春季休闲，夏季纳凉，秋季观光，冬季养生，给人们一个静谧的天地。在不断扩大石榴种植和生产规模的

---

① 吴成宝.今日榴花别样红——山东峄城奏响旅游发展交响曲［N］.枣庄日报.2009-06-22.

同时，将石榴产业与观光旅游有机结合起来，如组织参观石榴饮料厂、石榴酒厂，展示生产工艺流程，游客可现场免费品尝和购买；参观石榴盆景园，向游客展示体现石榴文化精髓的石榴盆景艺术，学习交流盆景园艺，让自然景观与人文景观融合互动。

此外，可以石榴、青檀的吉祥图案和民间故事为题材，创作剪纸、农民画、版画、书签、纺织品、装饰品、花瓶等旅游纪念品，表达劳动人们对美好生活的向往。

7.4.2　打造乡村振兴示范

石榴文化旅游具有明显的季节性，主要集中在5~6月石榴花开和8~10月石榴成熟之时。如何破解石榴文化旅游的季节性限制，使"淡季不淡，旺季更旺"？应充分利用峄城优良的农业环境资源，以"冠世榴园"为核心，培育和发展以"果"为特色，包括田园观光、农事体验、农艺学习、花果实物采收等四季生态农业休闲旅游。一是以现有田果园为依托，整合域内丰富的杏、油桃、葡萄等果树资源，在"冠世榴园"周边开发现代农业生态农庄，园区内除了农家乐餐饮、住宿外，应有绿色果园采摘区，如草莓、葡萄、西瓜、樱桃、梨子、山楂、红枣等，这些不同时节成熟的瓜果补充石榴的季节性。农庄内还可开展钓鱼、挖花生、骑马、抓土鸡、菜园认养等其他休闲活动，使游客体验乡村劳作的乐趣。二是将"冠世榴园"与南部的阴平万亩枣园、浅池藕基地，东部的枣庄农业高科技示范园、左庄花卉基地、无公害蔬菜基地、甘沟万亩桑园和底阁镇水产养殖区建立便捷的交通联系，发展观光农业旅游。三是依托峄城东部山区的仙人洞自然风景区和温泉资源，开发建设生态餐饮、温泉洗浴、休闲娱乐和野外探险体育健身项目。温泉养生在冬季尤其受欢迎，可弥补"冠世榴园"冬季旅游项目的不足，将当地特征的各类自然和人文要素融入温泉，形成榴花温泉、榴汁温泉、枣花温泉、矿物温泉等特色温泉项目。四是选择合适地点建设生态野营地，建设生态停车场、帐篷野营地、房车营地、服务中心、卫生设施、休闲广场、篝火野炊区等，形成自驾车旅游基地和野外探险基地。

这使得游客在每个季节都有可观、可赏、可游、可玩的地方，春季赏花、夏季避暑、秋季采摘、冬季温泉，实现一年四季不断的常态化旅游。

7.4.3 实施石榴产业深加工

石榴具有多种实用价值。首先，最广为人知的是石榴有很高的药用价值，石榴鲜食能生津化食、健脾胃，无论是根、叶、花，还是果皮，都可以入药，治疗各种疾病。其次，石榴还有很高的经济价值，蕴藏了商机。榴叶除了药用价值外，还含有氨基酸、维生素、蛋白质和糖等多种营养素，因此，榴叶茶进入市场后，已与浙江的狮峰龙井相媲美。果实可加工成石榴汁、清凉饮料、果子露，又可作为酿酒、制醋、制糖的上等原料。果皮可以作为丝、麻、棉等的天然染料。再次，石榴树还能美化环境、净化空气，是绿化城市、庭院，改善生态环境的珍贵树种[①]。如果能采用高科技手段，对石榴进行深度综合开发，必然会有火红的前景。

峄城区已经开发的石榴深加工产品主要有石榴饮料、石榴原汁、石榴茶叶、石榴盆景、石榴酒、石榴皮、石榴籽等系列产品，形成了一定规模和产量。但是，峄城区的石榴加工产品企业主要分布在吴林街道，离冠世榴园核心区较远，难以开展榴园观光的延伸活动。可借鉴国外的"葡萄酒庄园"模式，打造集种植、加工、制造、储存、品尝、休闲等一体的"石榴酒庄"，不断美化冠世榴园内的村镇环境，形成具有旅游观光休闲功能的产业和村镇。应充分挖掘石榴的经济价值，进一步丰富石榴的衍生品，提高产品的附加值，延长产业链，使文化、产业、旅游互动发展，打响"冠世榴园"品牌。例如，可以开发石榴系列的护肤品和化妆品，许多品牌推出了含有石榴成分的护肤品，如著名的化妆品品牌雅诗兰黛推出的红石榴水系列护肤品成为该品牌的明星产品。

---

① 李凡. 中国石榴文化专题研讨会暨山东省民俗学会2002年年会在枣庄召开［J］. 民俗研究，2002（4）：201−204.

第8章
枣庄人文景观意象重构策略与思考

习近平总书记指出，无论是新城区建设还是老城区改造，都要坚持以人民为中心，聚焦人民群众的需求，合理安排生产、生活、生态空间，走内涵式、集约型、绿色化的高质量发展路子，努力创造宜业、宜居、宜乐、宜游的良好环境，让人民有更多获得感，为人民创造更加幸福的美好生活。前几章笔者从人文景观理论研究、枣庄空间格局演变、历史文化类型、人文景观特征等方面梳理分析了枣庄悠久的历史文化、城市发展进程，清晰展示了枣庄城市风貌和人文景观。但是，在快速城市化大背景下，枣庄和国内大中小城市一样，面临产业、交通、环境、空间发展压力，特别是煤炭资源面临枯竭的情况下，工矿型城市功能布局不合理、集聚能力不强、动能转换接续不畅等一系列问题逐渐显现，城市转型发展过程中给城市规划建设带来了新的机遇和挑战。

对一个城市来说，独特的城市人文景观是城市软实力的重要基础，是提升城市文化品位、增强城市综合竞争实力的重要着力点。枣庄大力践行"两山"理论思想，坚持走城市转型发展之路，构建了高端装备、高端化工、新能源、新材料、新医药、新一代信息技术产业为主的"6+3"产业体系，不断优化"一主、一强、两极、多点"城市发展格局，紧紧围绕建设大运河文化传承核心区，倾力塑造"青山拥城、碧水融城、文化润城、城景辉映"山水城市景观风貌，城市形象从"黑白灰"的煤城向山水宜居、韧性、智慧之城蝶变，展示"运河明珠·匠心枣庄"城市品牌形象。体现文化的传承与创新相统一、自然形态保护与利用相统一，为建设区域中心城市、鲁南门户城市提供了支撑。

基于此，本章围绕枣庄市特别是中心城区，从宏观上把握空间景观意象，提出以精神文化引导城市空间建设，从廊道元素融合、景观斑块提质、城市节点做精、基质底色做优等方面入手，重点优化城市空间关系，推动城市整体空间特色保持和延续。在城市绿色空间打造和生态环境治理、城市基础设施建设、公共服务设施提升，城市文化特色塑造和精神文明建设等方面，进行系统、综合的分析研究，就枣庄人文景观意象重构、塑造特色鲜明的城市形象提出策略与思考。

8.1 打造产城绿共融区，提升城市景观廊道

枣庄地跨东经116°48′30″–117°49′24″，北纬34°27′48″–35°19′12″，多年平均气温约13℃–14℃，多年平均降水量在750～950毫米之间，处于中国南北气候的过渡带，东接临沂、北邻济宁、西濒南四湖，南部与江苏省徐州市相接。市域总面积4564平方千米，境内地形地貌特点鲜明，地势北高南低、东高西低，形成低山丘陵、山前平原、河漫滩、沿湖洼地等多类型地貌特征，山地丘陵约占总面积的54.6%，平原约占总面积的26.6%，洼地约占总面积的18.8%。依托自然山水格局，枣庄发展成为典型的组团式城市，中心城区分为东、西城区两个部分，两城区之间以农田、林地和南部万亩榴园及山体区域作为生态隔离带，融合山、水、林、田、城，形成"双城拥山"的城市布局结构，在"两山"理论指导下，激活城市生态源地功能，重塑城市空间格局，促进产城绿融合发展（图8.1）。

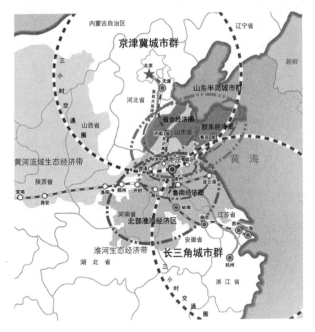

图8.1　枣庄市区域协同发展示意图

8.1.1　推动空间融合发展

枣庄各组团城区之间各种元素和功能有机融合过程中，营造既具有差异性又有内在统一性的景观体系。在宏观山水格局框架下，采用"四城一品"的策略，因地制宜地突出各自城市特色内涵，提升景观建设品质，打造尺度宜人、形象优美、内涵丰富的枣庄城市风貌。将山水自然环境与城区有机相融，形成环境亲切宜人的城市景观，又因地制宜地突出各组团城区发展特征。例如，薛城组团强调其红色文化和山水城区特点，新城组团突出青山秀景、碧水润城现代山水新城城市风貌，市中区强化近代工业文化和绿色宜居环境的营造，峄城区则凸显石榴文化和山水汇聚的城市特征。围绕城市形象定位，统筹安排城市建筑高度和建筑密度、肌理，形成疏密有致、城市天际线优美，山、水、城有机相融的城市意象。引导城市公共服务设施和高层建筑群呼应山水格局适当集聚，作为展示城市形象的重点地区，引导东、西城区沿光明大道、世纪大道、凤凰绿道等主要交通、景观廊道相向发展，形成联系东西城区的景观序列（图8.2）。

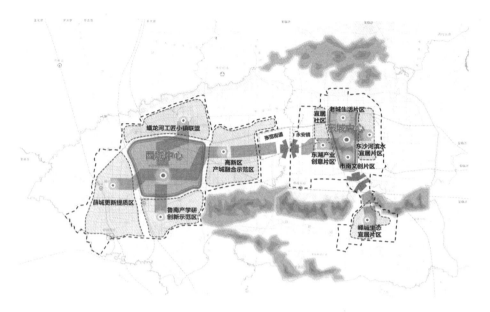

图8.2 枣庄市中心城区空间结构

8.1.2 构建绿道网络系统

"把城市轻轻放在大自然中",这是中国城市规划设计院总规划师朱子瑜给成都的建言,这一建议也给予枣庄城市建设许多启示。枣庄依托中心城区周边南北山脉组成的绿色生态保护屏障,整合生态、景观、产业、文化等元素,以绿道建设为骨架,促进山、水、林、城多维融合,加强区域自然资源与城市生活互动。注重绿道的连贯性(图8.3),将各类型绿道贯通成网,优化绿道网层级结构,发挥绿道联系自然景观、人文节点与生活聚居区的沟通作用,畅通城市居民进入郊野的通道。市域绿道方面,连接枣庄市域内重要的景观资源和城市组团,为枣庄及周边地区城乡居民提供休闲、运动、游憩、娱乐等服务;市级绿道方面,连接城市内部主要功能区和景观节点,为城市居民和游客提供服务连续的休闲、健身的慢行空间;城区绿道方面,西城区、东城区各自形成城区绿道网络,贯穿城区内部的主要资源点;社区绿道方面,在城市主要社区内建设社区公园、小游园、街头绿地、公共活动场所等,为附近社区居民提供近距离游憩休闲服务空间环境。通过不同层级绿道网络衔接,构建城市居民进入郊野的通道,实现城市斑块、节点景观与山水基质相融，山、水、林、田、城一体的景观格局，构筑环城绿道网系统，打造"慢游枣庄"旅游新概念。目前，环城森林公园绿道网总长度达到497.6千米，形成了与城市绿道网络相配合的森林公园绿道网络系统。凤凰绿道（图8.4）是贯穿东西城区重要景观轴，要立足整合生态、景观、产业、文化等线索，以绿道建设为骨架，将多元要素串联引导山城水多维融合。建设"优化一环、打通五廊、加强支线、步道覆网"的绿道网络体系，打造绿色生态系统，完善服务体系，提升以绿道为核心的七大片区的生态保护和开发利用价值。

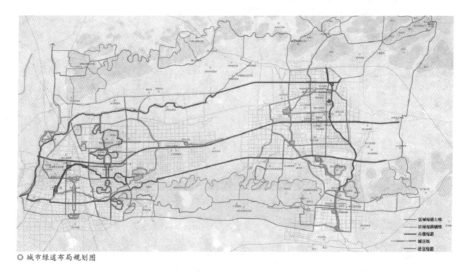

图8.3　城市绿道布局规划图

图8.4　枣庄市凤凰绿道片区远景规划图

8.1.3 建立公园串联网络

图8.5 公园体系示意图

枣庄市域自然资源丰富、风景区众多，既有抱犊崮国家森林公园、九龙湾国家湿地公园、万亩石榴园风景区、柴胡店省级森林公园等自然景区，又有中华车祖苑、铁道游击队纪念园、仙坛山温泉小镇等人文特色景区。中心城区内有凤鸣湖公园、人才公园、临山公园、奚仲湖公园、东湖公园、高新绿廊等几十处公园。按照"以绿为底、以水为脉、以园为纲、以文为魂"的公园城市实施路径，充分发挥水资源优势，通过对现状水系提升形成城市水网，结合水系构建绿地系统脉络，串联市域范围内主要的景区资源，均衡串联各组团城区、主要镇街，带动城乡一体化发展。积极建设覆盖全域的"郊野—城市—组团—社区"四级公园体系（图8.5），并结合每个节点特性赋予公园不同主题，以路串联水网、绿廊，保证游憩空间的可达性，实现居民步行5分钟见绿、步行15分钟进社区公园、骑行15分钟进组团公园、车行10分钟进城市公园、车行20分钟进郊野公园。集中体现了枣庄山水特色，打造城市公园"一环四线"新格局。以西城区为例，要大力实施水系水环境提升工程，建设6条带状滨水景观带串联黑峪湖、凤鸣湖、龙潭湖等3个湖库公园，通过梳山理水，加强河湖交互，让河湖流起来，让水质清起来，让景色靓起来，让文化传起来，让居民乐起来，为城市发展蓄能。比如，正在建设的凤鸣水系景观带是一个很好的案例。凤鸣水系景观带处于新城南北轴线中间点，与新城区东西景观轴相串联，连接激活城市公共空间，通过梳理两岸功能及产业功能，将滨水景观活力注入城市内部，营造了完整的城市生态体系。景观节点设计从枣庄地域文化特色和文化产物中提炼抽取艺术元素，注入文化内涵，打造枣庄城市形象名片。在凤鸣湖东岸节点以"凤鸣举舞"为主题，将"凤舞"和"凤翔"概念融入凤鸣湖东支和西支提升中，通过建设生态浮岛、生态湿地、功能性活动场地、休闲活动空间、文化地标、配套服务设施等提升工程，塑造集滨水休闲、生态体验、文化展示于一体的城市活力中心，展示了新城区春夏秋冬、朝暮阴晴等时间段的变化多样性山水城市景观风貌，人文景观与自然景观融为一体，虽由人作，宛自天开。当人们站在凤鸣塔上远眺凤鸣湖时，恍若置身于湖光山色之中，水光潋滟，波澜轻拍，画船从容，赏荷、看夕阳……，还可以沉浸其中聆听水幕喷泉讲述枣庄的昨天、今天和未来，细细品味，每一个场景细致生动，充分反映了新城景观建设的精致、人文、和谐的美学特征。

8.1.4 实现产城绿融合发展

实现产城绿融合发展，首先，要提升重要节点生态功能，包括重要的临山片区、临水片区、森林公园等，有计划、有步骤地修复被破坏的河道、湿地、山体和植被。其次，要结合重要生态资源做好空间管控，围绕绿道景观廊道人文景观发展轴线，将枣庄的历史文化、工业文化等资源融入其中，集中打造一批不同主题的文化公园、口袋公园、节点小品，对重要生态功能区及廊道周边现有用地空间实行分类指导，明确各类空间不同的发展路径，推动现有零星分散的产业企业逐步向规划保留的产业空间集中。最后，基于农用地、郊野公园、产业空间推动综合开发，强化新经济载体作用，策划融合康养项目、绿色产业，打造外事会议活动圈、大学文化圈、国际体育赛事等活动。比如，枣庄新城南部科教园区处于世纪大道景观廊道，区域内从西到东依次分布鸭山—焦山—黄楼子—九顶山—奶奶山，形成连绵的自然山脉，按照"山在城中、城在林中、山城一体"景观格局，打造城市综合服务中心、学术交流休闲度假中心、科教产业综合服务中心、旅游服务中心四大节点，引领城市综合发展板块、榴园休闲养生板块、产学研创新示范板块复合发展，进一步做精生态，扮靓颜值，推动校区、园区、城区、景区融合发展，促进产学研协同一体化发展（图8.6）。

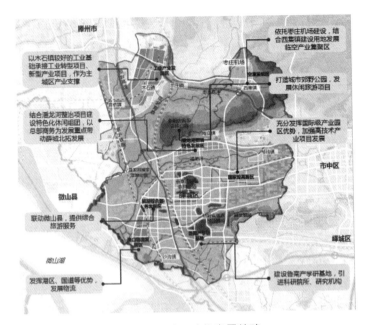

图8.6　主城区功能发展策略

8.2　突出地域特色，做精城市景观斑块

习近平总书记指出，要传承文化，发展有历史记忆、地域特色、民族特点的美丽城镇。结合城市空间特征、地域文化、城市精神，聚焦维护枣庄中心城区得天独厚的自然山水框架，从提升枣庄独特的北方山水城市景观风貌出发，在枣庄城市品质提升、精致城市建设方面发力，"点睛亮景"，建立城市视觉识别系统，提升城区"颜值"，彰显特色气质。

8.2.1　精当规划，科学引领城市发展

（1）树立设计城市理念。

将城市设计贯穿于城市建设全过程，研究出台《枣庄市规划建设指引》，明确开发强度、建筑高度、建筑密度、建筑形态和色彩管控体系，注重建筑绿色等级、小区绿色覆盖率、交通路口安全退让等细节，突出以人为本、绿色高质量发展的建设理念。结合山水本底进行分区风貌管控，在山体周边和部分河流附近采用生态环境优先、与自然山水环境相融的低密度建设模式，形成亲切宜人的城市景观；在以光明大道城市主轴为首的6条城市轴

带和老火车站、东湖等重要城市节点采用高密度集中建设的模式，塑造展现枣庄现代城市形象的标志节点；在其他地区则以中等强度的宜居模式进行建设。在新城片区进一步完善城市服务功能，完善公共空间配置、系统指标控制，形成多层次的公共开放空间，按照宜居理念，打造风格稳重现代、风貌整体统一、材料色彩明快、生态景观轴线清晰的城市形象。

（2）完善专项规划体系。

作为资源枯竭转型区，枣庄在规划设计方面积极借鉴德国鲁尔区相关案例的经验。鲁尔区曾是德国的重工业基地，自然空间和城市空间的规划布局当时仅仅考虑工业生产的需求，造成自然环境破坏严重，内部各城市发展内耗严重、功能重复、相关性差，1999年以来通过举办国际建筑展"埃姆舍尔公园"（IBA Emscher Park）来推动鲁尔地区生态和经济改造，通过把生态作为区域经济环境复兴的重点，打造工业文化名片，促进生态环境的复苏和改善、公共空间的整合和发展、工业文化的保留和继承，实现区域的转型发展。枣庄市应通过完善编制城市色彩等、城市管廊建设管理、地下空间利用等各类专项规划，为城市景观建设提供强有力支撑和保障。针对地下空间资源粗放无序的开发利用等情况，绘制地下基础设施"一张图"，结合"三区三线"划定及国土空间规划编制，统筹协调通信、水电、抗震、燃气、供热等数据信息采集，建立"相互衔接、分级管理"的地下空间规划体系，实现地上地下"一张图"。完善地下空间开发管理，做到分层开发、高效利用，保证地下空间利用效益最大化，为地上完整性景观营造创造条件。

（3）建立规划约束机制。

城市规划不可能一成不变，但是底线规定不能变。如苏州工业园区，坚持"规划先行、环境立区"，以规划为引领，以制度为保障，实现"一张蓝图干到底"，成为全国开发区遵循科学开发规律的范本。在空间布局上，园区把规划作为开发建设的刚性约束，实现了空间布局的有效优化。在基础设施上，秉承"先规划后建设、先地下后地上""适度超前"的开发理念，按照"九通一平"标准高质量完成了主要基础设施的布局和建设。在产业布局上，全方位融入"功能分区"理念，合理布局生活、工业、教育、商务、生态等功能区，并持续优化和更新，最大限度减少工业区、商业区对居民区的环境影响，构建最适宜企业发展、人才创业、人居生活的优良城市环境，探索出园区生态文明建设和高质量发展之路。与之相对应的是云南昆明滇池，为保护滇池，当地政府在沿岸分级划定保护区，但为了所谓"新区建设"，围绕滇池"环湖开发""贴线开发"现象突出，甚至以养老为名行开发之实，变相突破保护要求，部分项目甚至直接侵占滇池保护区，挤占了滇池生态空间，一度造成滇池水质恶化，成为中国污染非常严重的湖泊之一，好在近年来这一乱象已经从根本上进行了治理。枣庄市充分借鉴各地经验教训，积极推进地方立法，要全面贯彻落实《枣庄市山体保护条例》《枣庄市城市绿化条例》《枣庄市环城绿道管理条例》等制度条例的同时，加大实施立法保障规划，推动政策法规体系、规划编制体系相互促进，逐步落实"规划即法"的理念。

8.2.2 精心建设，塑造城市特色风貌

城市风貌中的"风"是对城市社会人文取向软件系统的概括，是节日风俗、城市风采、戏曲、社会习俗等软质方面的表现。"貌"则是对城市总体环境硬件特征的概括，是街道、建筑、山体、河流等城市的有形形体和无形空间硬质方面的表现，是"风"的载体。二者相辅相成、有机结合，形成特有的文化内涵和精神取向的城市风貌。在城市建设中要重点对城市内在精神文化资源和城市物质空间进行整合，围绕"适用、经济、绿色、美观"的建筑方针，加强建筑形体、立面、屋面、色彩、城市界面等控制要求，在提升城市风貌品质上精细建设。

（1）重构新老城区景观意向。

立足"今天"审视过往，今天的新城就是明天的老城，缺少地方文化根基的新城是无法保持持久魅力。如何在今后建设中延续城市固有的内在精气神是需要探讨的重点内容和着力方向。就枣庄而言，在景观建设上，既要全面展现北方的雄伟，也要展现南方的灵秀；在建筑色彩上，内敛和含蓄仍是主基调，夸张、强烈的色彩不适宜北方人的性格；在建筑体量上，含蓄精致应该作为主导风格，避免过度张扬。在空间的营造上，园林风格以北方园林风格为主，兼容南方的精致，以现代表达手法演绎新时代景观特征，全面

展示枣庄山水城市意象。新城区建设中，用好"规划"的艺术，找准老城历史文化与新城的连接点，挖掘自身的辨识度。既要立足鲁南建筑文化因子传承，又要体现时代特征加以创新，运用新材料、新技术，体现时尚生活、时代特点，重塑新城人文景观，展示时代精神；在老城城市更新中，遵循"古今兼顾，新旧两利"规划思想，老城复兴不仅仅是复活城市历史文化，还要妥善解决保护旧城风貌、传承城市文脉、创新城市发展载体，带动城市活力，促进城市可持续发展等。通过城市更新深入挖掘并理解城市的文化价值，进行传承和创新，形成唯一性、权威性、排他性的核心竞争力。要以中兴主题文化资源为魂，以"6+3"产业项目为核心带动，重塑城市标识、打造文化核心引擎，提升城市形象、市民信心和经济效益，提升城市软实力，为老城可持续发展创造新机遇。以"文化+"的创新模式为重要手段，提炼城市文化个性，并成为城市内涵式发展的核心竞争力。在当下中国有很多历史街区通过城市更新实现再生的案例，如成都宽窄巷子在"政府经营环境、企业经营市场、民众经营文化"商业模式之下取得的巨大成功；上海石库门通过方寸之地，向人们展示旧时上海十里洋场、万种风情新天地惊艳成名等等。市中区要借鉴这些成功案例，从代表中国近代工业文明的中兴文化保护利用等方面入手，实施城市更新行动，对中兴街、中兴大道、十电铁路、市南工业区等重点历史人文节点精心保护利用，建设十电铁路文化绿廊，坚持传承与创新、开发与保护，不断提升城市内涵（图8.7-8.9）。

图8.7　龙潭公园片区景观风貌（洪晓东摄）

图8.8　市中区铁路公园总平面设计图

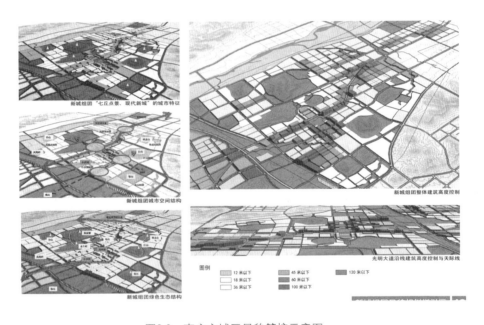

图8.9　枣庄市城区风貌管控示意图

（2）注重街巷历史保护和功能提升。

　　枣庄市在开展背街小巷的景观与功能提升工程中，既注重品质和活力的"逆生长"，深入挖掘整理历史文化碎片，并通过公共艺术品、城市家具、商业立面等方式传递出来，提升街道文化语境，活化消极的弄堂空间，打造"共享客厅"；也注重优化提升老旧社区、里弄街区、风貌道路的公共空间和公共服务设施，解决附近居民普遍关注的停车难、行车难、环境差等问题，疏通"毛细血管"，建立"公共空间意识"。枣庄市市中区北马路、胜利路等传统生活性道路，洋街等传统商业性道路，承载着枣庄最本土、最朴实的工业文化街道记忆，是老枣庄人对历史的记忆和对昔日生活的回忆，在开展现代化改造时，首先考虑的是如何保护其宜人的街区界面（图8.10）。

图8.10　旧城改造公共空间营造意向图

（3）做好建筑风貌管控。

建筑环境是地方特色与时代特征的有机结合体。枣庄市在主城区建筑风貌管控上，通过编制《城市建筑风貌专项规划》，把城市空间品质提升目标分解为具体行动方案，落实到建筑规划设计的具体工程。在城市界面方面，着重控制贴线率、通透率，实现对城市空间景观控制的引导。例如，新城区为了凝聚城市活力，在规划管理过程中注重引导，营造亲人尺度城市空间，提升人行空间的便捷性和舒适性，创造怡人的城市开放空间，最大限度地激发城市活力。在街道界面方面，对交通性道路和生活性道路分别进行管理，加强城市主次干道交通功能，防止沿街底层商业形成围合现象；营造宜人尺度的生活性街道，具体管理要求细化到住宅、公寓、办公、研发等不同类型建筑层高、檐廊、挑廊、阳台、飘窗、空调室外机搁板等具体元素。在具体开敞空间节点方面，注重单体功能与城市开放空间共存，将开放空间与建筑空间相互融合，围绕营造建筑内院、室外平台、屋顶花园、空中庭院等，创造人与人交流交往空间，最大化激发城市活力。加强建筑方案设计管理，注重建筑平面、立面、层高、附属设施等方案审查控制，关注住宅设置电梯、商业用房设置、住宅底商、非机动车停放等民生问题（图8.11–8.14）。

图8.11　街区节点意象图

图8.12　口袋公园意象图

图8.13　城市生活街区景观意象图　　　图8.14　重点节点城市设计意向图

（4）抓好城市色彩管理。

在现代城市竞争策略中，城市色彩已成为城市形象塑造的一个重要方面。城市格局内部的多样统一、和而不同，既要避免过分单调，又要避免过度杂乱。因此，结合枣庄实际，通过编制色彩规划，利用造型艺术的虚拟手段，描绘出一个城市色彩的愿景，表明城市色彩发展趋势、定位等一系列规划思想，以便掌控城市营造的过程和节奏，探索出一套适用于枣庄城市色彩现状的规划语言体系尤为重要。枣庄要从"运河明珠·匠心枣庄"城市文化品牌基因中提取城市色彩，强化运河明珠"水"的概念与匠心枣庄"彩"的交融。水墨的概念体现出运河的气质，彩的概念体现包容性，"水墨"与彩交织，体现现代城市精神和枣庄中心城区气质特点。根据枣庄山水特色定位，以浅灰白色系为基调，暖色系为补充，根据景观特点和色彩基质、空间的逻辑变化关系，统一标准控制城市色彩标准，研究制定建筑色彩标准导则，原则上控制城市一般建筑墙体面积的80%以上采用符合规定的基调色（图8.15）。比如，海口市整体建筑立面色彩的主色相倾向于暖色调和中性色，在考虑当地的风土人情、地貌特色、历史文化的基础上，将主城区划分为六种特色风貌区和一般风貌。六种特色风貌区分别为滨海风尚风貌区、滨海风情风貌区、都市风尚风貌区、生态滨江风貌区、城市田园风貌区以及本土风情风貌区其中在每一类风貌区中都有自己的色彩定位，区分了主导色调和辅助色调。和谐的城市色彩使人身心愉悦，有利于营造稳定、文明、健康、和谐的生活工作环境，有利于提升整个城市的形象品位，对大众的审美水平的提高起着潜移默化的作用。

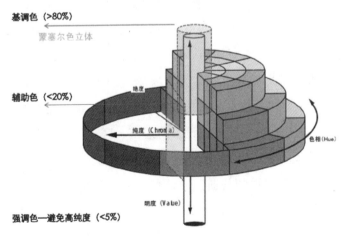

图8.15　城市色彩"主旋律"

8.2.3 精细管理，推动城市发展

习近平总书记指出，城市管理应该像绣花一样精细。城市管理要以人民群众的获得感、满意度为检验标准，用更精细的方法，下足下好"绣花"功夫，大力推进管理法治化、标准化、社会化，全面提升城市洁化、绿化、序化、亮化、美化水平，实现道路平整、市容整洁、标志规范、设施可靠、夜景靓丽、管理有序，充分呈现中国特色、齐鲁风采、枣庄韵味，呈现山水与人文、历史与现实交融的独特韵味、别样精彩，让建筑可阅读、街区可漫步、滨水可休憩、城区可宜居，让全市人民群众有更多获得感、幸福感。

（1）推动城市管理精细化。

在"管理精细、执法精准、服务精心、成效精品"上发力，运用法治方式破解治理顽症，健全完善生活垃圾管理、拆除违法建筑、户外广告牌匾管理，共享单车投、骑、停禁限区域办法等城市精细管理的相关制度。加大对违法建设、占道经营、露天烧烤等痼疾顽症的日常执法力度，提高城管案件的处置速度和结案率。推进落实"镇街吹哨、部门报到"制度，明确市、区、街道（镇）、部门相关工作职责，制定考核办法。推进城管、公安等执法力量进入社区，切实提高城市基层治理能力。

（2）推动城市管理标准化。

不断健全完善城市综合管理标准、城市管理服务标准、路边店管理标准、商业餐饮管理规范等城市管理全流程专业标准管理体系。结合网格员建设，重点加强道路交通、街巷、河道、市容环卫、户外广告等领域治理，形成管理清单、网格清单、责任清单、考核清单，使精细化管理有章可循，有法可依。积极推动城市管理方式转型，实施智慧治理提升行动，运用大数据、云计算和人工智能等技术，依托警用地理信息系统、建设城市网格化综合管理平台，实施"社区大脑"建设，打通市、区、街道层面公安、城管、住建、绿化等治理力量在信息流、业务流、管理流上的壁垒，形成"机制共建""平台共享""视频共通""通信共联"的扁平化工作模式，实现"一网统管"全覆盖，"一网通办"零距离，做到"能发现、管得了、运作好"。

（3）推动城市管理社会化。

要调动起全社会力量参与城市管理，提升基层社会治理能力。要以广泛的群众参与度提升城市管理的温度，搭建更多共建共享平台，激发市民主人翁意识。创新开展红色物业工作，发挥党建引领作用，组建居委会、物业公司、业主委员会"三驾马车"共同参与的社区治理架构，打响"满意物业·温馨家园"服务品牌，引导居民办好家门口自己的事，推动城市管理社会化。

8.3　畅通山水绿脉，做优城市景观特色基质

枣庄山体众多，湖河密布，山、林、河、湖相互交织，市域内山峦起伏，为城市提供了生态屏障。充沛的降水与平缓的地形使得中心城区内河流众多，构成了城市天然的景观脉络。从城市的自身文化发展脉络中建立主城区山水景观体系，综合中心城区的自然环境特征、历史文化传统、现实发展条件和未来的发展方向，建立环境治理、生态修复与景观重构工作机制，处理好山与城、水与城、林与城的关系，构建山、水、林、城共生共融，传承深厚历史内涵的文化之城，塑造山环水绕、城市与自然山水和谐相融、独具枣庄特色的优美城市形象（图8.16）。

图8.16　新城区行政中心实景图（陈允沛摄）

8.3.1　打造山林特色城市景观

山林是枣庄城市建设中不可缺失的生态屏障，是重要的生态调节区、水源涵养区、城市景观展示区，更是城市景观的特色基质。必须坚持保护中合

理开发、开发中注重保护，建设"一城山色半城林"的山、城、人共融发展的枣庄城市景观特色和生态城市空间。

（1）加快立法护山进程。

《枣庄市山体保护条例》是山东省内首部关于山体保护方面的地方性法规，是枣庄市对山体保护的顶层设计。《条例》根据山体的形态、高程、生态敏感度、历史遗迹等要素，科学规划山体保护和利用范围，实行分类分层级保护，明确划定禁建区和限建区。禁建区，除必须建设的消防、防灾、防震、通信、旅游环道等公共设施外，只保护修复不开发。限建区，在保护优先的前提下，适度建设文化旅游、休闲娱乐等服务设施，不得开展任何破坏山体的生产建设活动。严格落实各方责任，结合枣庄市实际，对主城区山体保护采取"一主、二辅、多元参与"的管理格局。"一主"，即以自然资源部门为主；"二辅"，即以林业、城管部门为辅；"多元参与"，即发改、财政、规划、住建、环保、旅服等部门共同参与。

（2）完善山体规划体系。

遵循"大山为屏、中山为园、小山成链"的原则，按照"一山一景、一山一品"理念，编制山体保护规划和城市设计，发挥规划指导和调控建设的提纲挈领作用。结合全市国土空间规划编制，做好总规与河湖水系规划、绿地系统规划等规划的衔接，实现"多规合一"，明确山体绿线范围的划定。提前开展山体周边用地性质研究，合理划分建筑高度控制区，出台"两线三区"控制标准，明确各项强制性指标，从控规层面加强对山体保护的刚性约束。如，建筑高度应遵循"留顶原则"，确保从邻近道路中心线位置至少可看到山体顶部的1/3至1/2位置。做好城市总体三维空间研究，重点加强山体周边城市设计，从山体高度、建筑密度、色彩精度、挖掘传统建筑文化等方面，设计生动活泼、季相分明、特色凸显的山城融合城市景观。如，新城光明大道、黄河路等主要城市道路沿线前期规划设计不到位，山体绿化景观渗透性不强，应加强对沿线街景、视线通廊、绿化及天际线的控制，预留城市风道，把城市"镶嵌"在山水之中。如，薛城临山片区建筑要顺应山势兴建，避免大规模开挖平整场地。公共建筑提倡化整为零、灵活多样，建立

"点—线—面"的系统景观结构，将山体景观渗进社区，融入景区，营造建筑与山景的"视觉和谐"（图8.17、8.18）。

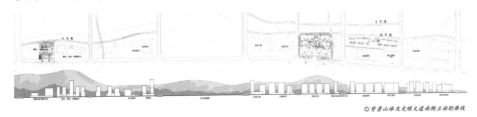

图8.17　背景山体及光明大道南侧立面轮廓线

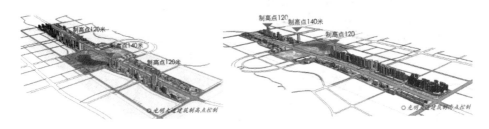

图8.18　光明大道建筑制高点控制

（3）加大生态修复力度。

坚持因地制宜、因损施策、分期实施、突出重点的原则，针对山体破坏、裸露边坡、林相单一、生态效率低等问题，实施全面生态修复行动计划，重建结构稳定、效益优化的生态系统。综合研判山体受损面积、地灾隐患程度、植被生长情况、景观敏感程度，因山制宜、"一山一策"确定山体修复方案（图8.19），维护山体生态功能。对采石开矿造成的山体破坏，首先是清除危石、降坡削坡，消除安全隐患，再巧妙利用采石场、矿坑的独特环境，采用生态技术手段，变废为美；对裸露山体崖壁、林相单一、植被破坏的，加大适宜树种造林力度，利用植物

图8.19　枣庄市生态修复规划范围

形态及季相变化进行植物造景，实现山体复绿；对保护区内有违章建筑、公墓、垃圾场、菜园果园、养殖场的，按照"谁开发谁修复、谁破坏谁治理"的原则，限期搬迁、限期整改；对山间遍布农家乐、小饭庄的，统筹规划、严格管理，确保达标排放、防止生态破坏和侵占，并实事求是地建立退出机制。把山体修复与生态修复、城市修补相结合，以山为基点，构建"山、林、河、田、城"的生态链条，打造"森林公园—综合公园—郊野公园—湿地公园—社区公园"的生态体系，形成"300米见绿、500米见园"的生态景观带，延续城市文脉，提升城市风貌（图8.20）。

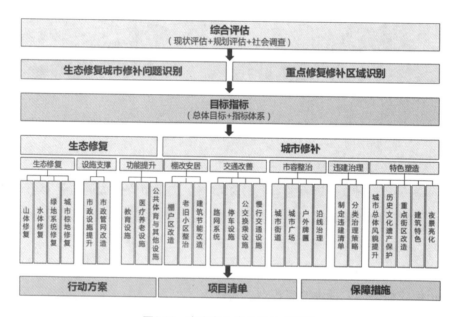

图8.20　枣庄市生态修复技术路线

（4）提高山体综合利用率。

根据地质现状、空间感受、视觉景观、肌理形态、游览需求和交通可达性等进行分析，将生态、美学、文化渗透在山体景观营造中。突出"一山一文化特色"，以观湖、观城、山峦、水库、文化为主题，打造风格各异、独具特色的主题文化公园。一是建设风景游憩型主题公园。枣庄新城北部袁寨山、金牛岭、龟山等作为城市背景基底，植物茂密，山体连绵，重点维护自然肌理完整，定位打造风景游憩型主题公园，注重生态修复的综合效益，尽量保留利用现有植被，提升完善道路和服务设施。按照"适地适树"的原则，充分保留利用当地树种，强化袁寨山松柏苍翠、金牛岭翠竹、龟山还林、巨山国槐和刺槐等山体现状绿化现状特点，种植枣树、国槐、石榴、五角枫等特色树种，对裸露区域进行补植，形成春季开花遍野、夏季绿荫葱葱、秋季霜染枫红、冬季精致含蓄的特点，营造浓郁人文氛围。二是建设功能开发型主题公园。结合黑峪水库扩容和西城区水系改造，编制环湖森林公园专项规划，整体考虑环黑峪水库的韩龙山、巨山、焦山、黄楼子山等山体开发利用，推动山、水、城相交相辉映、相互衬托，融入山水城市空间格局。山体公园出入口与城区主、次、支道路相连接，规划建设环湖观湖节点、环山绿道、休闲驿站，谋划攀岩拓展、山体体育项目等多元生态产品，打造市民休闲空间，构建富有生活气息的山水景观。三是建设再生利用型主题公园。凤凰山、谷山等山体受损严重、有废弃采石场的，在生态修复的基础上进行景观改造，建设生态保护、科普教育、休闲度假、文化旅游于一体的再生利用型主题公园。引导枣庄职业学院、高铁枢纽商务区、市委党校、山东国欣颐养集团枣庄中心医院等单位积极融入周边山体，加快遗产挖掘、景观绿化，建设户外活动慢道、科普基地、极限运动场地、野外实习设施、山中疗养场所等，提高山体利用率（图8.21、8.22）。

图8.21 矿山及废弃地修复图

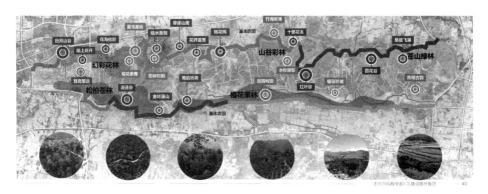

图8.22　凤凰绿道周边山体景观建设概念规划图

8.3.2　展现江北水乡城市景观魅力

枣庄中心城区有着丰富的水系资源（图8.23），基本形成"九河九库三湖"水系空间格局，水系总长度达到75千米。九河：蟠龙河、大沙河、小沙

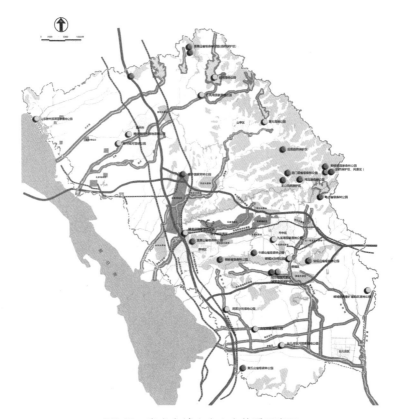

图8.23　枣庄市域山水人文体系示意图

河、宏图河、蟠龙河南支、凤鸣湖东支、凤鸣湖西支、蟠龙河南支小庄河、黑峪支流；九库：黑峪水库、何庄水库、袁寨山水库、大沙河匡山水库、谷山水库、种庄水库、上殷凤鸣湖西支庄水库、曹沃水库、井字峪水库；三湖：凤鸣湖、奚仲湖、龙潭湖。大力实施水系治理工程，以高品质滨水空间连接山、水、城、林，打造"运河明珠·匠心枣庄"城市文化品牌。

（1）河湖融通，优化生态。

城市水体是一个相互关联的系统，对于河流、湖泊的治理，要从系统的角度加以考虑。在河道治理中，既要注重沿河两岸截污涵管的建设、沿岸的环境整治，也要通过河道联网将河流与其他水体，如水库、湖泊、湿地等连为一体，结合生态修复，构建健康完整的城市水生态系统。枣庄市中心城区围绕河湖联通，建立"双环连六带串多点"的"水城融合"的水系格局（图8.24）。内环为小庄河、宏图河、凤鸣湖东西支流以及新开挖明渠构成的景观水系环线，外环为大沙河、蟠龙河及其支流。内、外双环串联凤鸣湖东西支流、小庄河、大沙河、蟠龙河、蟠龙河南支流—黑峪水库下游支流、宏图

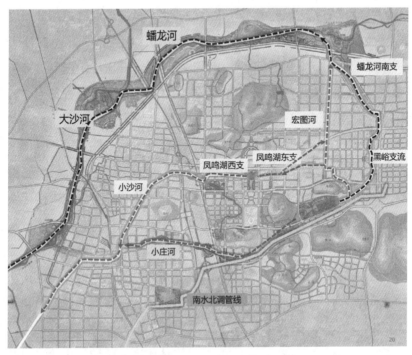

图8.24　枣庄市域山水人文体系示意图

河，连接何庄水库、凤鸣湖、龙潭湖、黑峪水库等重要节点，通过河道清淤疏浚、市政管网雨污分流、城区内涝点整治、岸坡整治等，提高河道防洪排涝能力，实现水系之间相互补水，形成碧水润城，把水"留"下来，让水"活"起来。

（2）提升功能，传承文化。

根据河流流域不同和自然禀赋不同，坚持"一河（湖）一策"原则，采取打造商业步行街、城市公共集散空间、亲水休闲、餐饮美食、滨水游憩、文化展示教育、生态自然风光体验等方式，活化城市滨水空间。根据河湖岸线功能定位及产业需求，连接激活城市公共空间，将滨水景观活力注入城市内部，从枣庄地域特色和文化产物中，提炼抽取艺术元素融入沿河两岸景观设计里，打造枣庄城市形象名片，创造特色景观风貌。比如，西城水系提升工程项目设计遵循自然特征和本地实际，重视传承地域文化、提升城市品质，为串联凤鸣湖中心景观，打造具有美观性、功能性、生态性的画卷水廊，实现滨水休闲、文化展示、现代商业、生态自然风光体验游览等功能，在项目设计意象上以"凤鸣举舞"为主题，将"凤舞"和"凤翔"概念融入凤鸣湖东支和西支提升中，通过建设生态浮岛、生态湿地、功能性活动场地、休闲活动空间、文化地标、休闲活动空间、配套服务设施等提升工程，塑造集滨水休闲、生态体验、文化展示于一体的城市活力中心，为今后枣庄水系景观建设提供了有益指引和参考。

（3）完善配套，彰显价值。

一是做好功能道路链接。优化河道交通功能，恢复自然河床河面，在水面条件较好的区域适当恢复航运，布局水路观光、休闲设施，衔接城市道路、绿道、街道，增加亲水空间，保留河岸原有基地乔木，完善步行系统，在城市较为拥挤的开放区域，增加空中栈道，因地制宜与绿道串联，融入社区，模糊蓝绿界限。如小沙河东段，设计绿道与凤鸣湖东西支绿道相衔接，建设完善的配套设施，对一定宽度的绿化缓冲区实施空间管制，融合环保、运动、休闲、旅游等多种功能，在构筑区域生态安全网络的同时，为广大居民提供更多的生活游憩空间。二是做强滨水休闲区。薛城区小沙河到泰山南路段以滨水商业景观为主，致力于打造商旅休闲、商业步行街等功能。泰山南路到奚仲湖公园为主，健全提升配套设施，不断延续传统脉络。德仁路到曹窝水库段现状周边以农田与居民区为主，打造自然亲水游憩功能的滨水景观，与绿道串联，形成环库步道，增强整体性与连贯性。三是做优多水源构建体系。深入落实黄河流域生态保护和高质量发展战略要求，践行"四水四定"原则，完善水资源刚性约束制度，积极争取国家再生水利用试点。重视非常规水资源利用，减少地下水资源开采，以再生水、雨水为补充，应用于冷却水等工业用水及洗车、绿化浇洒、生态环境补水等城市杂用，替代传统水资源，减少新鲜水用量，统筹源水、用水、留水、节水、管水，形成水管理"一张网"。划定水源保护区，对原有的水系、农田、林地、山体等渗蓄空间进行保护保育。结合海绵城市建设，恢复良性水文循环，新建项目严格按照低影响开发模式要求，建设可渗透下垫面，促进雨水入渗，涵养地下水源。将不透水下垫面径流引入绿地系统，充分利用绿地系统净化下渗雨水径流，形成地下水库，为城市的用水提供保障。

城市之美不仅指某个节点之美、某栋建筑之美，还有文化之美、和谐之美、品质之美，美美与共。一是要深入研究城市历史文化，建立全新的理念和理论体系，根植于城市发展过程。在实践中，城市建设要以自然为美，公园里建城市，用绿色筑底"未来之城"，把好山好水好风光融入城市。在老城区城市更新中，处理好旧城改造和历史文化遗产保护利用的关系，彰显城市风貌特色；在新城区建设中，要挖掘历史文脉，植入文化基因，体现包容大气的都市形象，不断提高城市品位，提升人民的幸福感、获得感。二是按照城市人文景观的构成要素斑块、廊道、节点和基质等四要素，因地制宜，分而治之，"满视野"体现风貌特色，讲好枣庄文脉故事。围绕"人文斑块""和谐廊道""精致节点""美丽基质"等开展研究、创造性工作，为城市景观建设提供支撑。三是坚持树立"一张蓝图绘制到底"的理念，刚性执行规划蓝图。建立城市规划编制、管理以及城市建设过程中规划问题的社会协调机制和争议监督机制，培养具有高度社会责任感、职业精神、高素质的规划建设管理队伍，提供制度和人才保障。

参考文献

［1］胡元梓.全球化与中国［M］.北京：中央编译出版社，2000.

［2］王宁.全球化与后殖民批判［M］.北京：中央编译出版社，1999.

［3］吴良镛.北京宪章［R］.北京：国际建协第20届世界建筑师大会，1999.

［4］汪长根，蒋忠友.苏州文化与文化苏州［M］.苏州：古吴轩出版社，
2005.

［5］雷达.缩略时代［M］.北京：中央编译出版社，1997.

［6］刘琼，吕绍刚.大拆大建割裂城市文脉［N］.中国改革报，2007-06-
13（7）.

［7］李忠辉.大拆大建——中国城市的伤痛与遗憾［N］.人民日报，2005-
09-23（1）.

［8］仇保兴.第三次城市化浪潮中的中国范例［J］.城市规划.2007，31（6）：
9-15.

［9］梁梅.中国当代城市环境设计的美学分析与批判［M］.北京：中国建筑
工业出版社，2008.

［10］季蕾.植根于地域文化的景观设计［D］.南京：东南大学，2004.

［11］陈兴中.人文景观地带系统理论刍议［J］.乐山师范学院学报，2001
（3）：79-81.

［12］王其全.景观人文概论［M］.北京：中国建筑工业出版社，2002.

［13］赵巧香.城市景观中人文景观创意设计研究［D］.天津：河北工业大
学，2007.

［14］马国清.人文景观审美特征说略［J］.天水师范学院学报，2006，26

（3）：55–57.

［15］武惠庭，何万之.人文景观三题议［J］.合肥教育学院学报，2002（01）：46–50.

［16］裘明仁.人文景观开发之我见［J］.江南论坛，1996（3）：78–81.

［17］王朝闻.美学概论［M］.北京：人民出版社，1981.

［18］汤茂林.文化景观的内涵及其研究进展［J］.地理科学进展，2000，19（1）：70–78.

［19］彭永捷，张志伟，韩东晖.人文奥运［M］.北京：东方出版社，2003.

［20］罗竹风等.汉语大词典［M］.上海：上海辞书出版社，1986.

［21］金小红.论社区人文价值观的重塑［J］.理论与改革，2001（2）：119–121.

［22］刘振强.大词典［M］.中国台北：三民书局股份有限公司，1971.

［23］唐晓峰.人文地理随笔［M］.上海：生活·读书·新知三联书店，2005.

［24］〔美〕刘易斯·芒福德.城市发展史［M］.倪文彦，宋峻岭，译.北京：中国建筑工业出版社，1989.

［25］魏向东，宋言奇.城市景观［M］.北京：中国林业出版社，2006.

［26］陈皞.商业建筑环境设计的人文内涵研究［D］.上海：同济大学，2005.

［27］钟晓辉.风景区人文景观建设——以福州鼓山风景名胜区为例［J］.安徽农学通报，2008，14（19）：78–80.

［28］张群.景观文化及其可持续设计初探［D］.湖北：华中农业大学园艺林学学院，2004.

［29］赵岩.人文传统沿袭对城市文化的影响——以天津和巴黎为例的中西方对比研究［D］.长春：东北师范大学，2008.

［30］肖笃宁.景观生态学［M］.北京：科学出版社，2010.

［31］赵世林.论民族文化传承的本质［J］.北京大学学报（哲学社会科学版），2002，39（3）：11–18.

［32］冯天瑜，何晓明，周积明.中华文化史［M］.上海：上海人民出版社，1990.

［33］曲冰.建筑与环境文脉的整合［D］.哈尔滨：哈尔滨工业大学，2000.

［34］谭颖.商业步行街外部空间形态及环境塑造——人文精神的复归与文脉主义建筑观的应用［D］.长沙：湖南大学，2001.

［35］阳建强，吴明伟.现代城市更新［M］.南京：东南大学出版社，1999.

［36］徐建.文化生态的演化［J］.哲学研究，2008（1）：3-8.

［37］郝俊芳，张春祥.注重城市与文化关系的研究［J］.上海城市规划，2006，67（2）：38-40.

［38］张玉明，刘宁.地域建筑文化的传承与创新［J］.科教文汇，2008（4）：194-195.

［39］孙晓毅.论中国传统文化元素在艺术设计中的创新应用［D］.吉林：吉林大学，2006.

［40］张凡.城市发展中的历史文化保护对策［M］.南京：东南大学出版社，2006.

［41］肖建春，等.现代广告与传统文化［M］.成都：四川人民出版社，2002.

［42］陈华文.文化学概论［M］.上海：上海文艺出版社，2001.

［43］张群.景观文化及其可持续设计初探［D］.武汉：华中农业大学园艺林学学院，2004.

［44］枣庄市城乡建设委员会规划管理处.枣庄市域城镇体系规划说明书［R］.1986.

［45］枣庄市地方史志编纂委员会，枣庄市志［M］.北京：中华书局，1993.

［46］邹德慈.中国现代城市规划的发展与展望［J］.城乡建设，2003（2）：9-13.

［47］苑继平.枣庄运河文化——枣庄煤史［M］.青岛：青岛出版社，2006.

［48］张松.历史城市保护学导论——文化遗产和历史环境保护的一种整体性方法［M］.上海：同济大学出版社，2008.

［49］王桂芬，张国宏.社会主义核心价值体系与多元文化时代价值观培育

　　　　［J］.新学术论坛，2008（1）：22-27.

［50］王纪武.人居环境地域文化论：以重庆、武汉、南京地区为例［M］.

　　　　南京：东南大学出版社，2008.

［51］魏向东，宋言奇.城市景观［M］.北京：中国林业出版社，2006.

［52］俞孔坚.城市景观之路［M］.北京：中国建筑工业出版社，2003.

［53］徐小军.城市个性的缺失与追求［J］.学术探索，2004（11）：62-67.

［54］张开增.弘扬红色文化，服务科学发展［J］.枣庄通讯，2009（6）：

　　　　28-31.

［55］李海流.“青檀精神”枣庄人.齐鲁晚报［N］.2008-04-23.

［56］李凡.中国石榴文化专题研讨会暨山东省民俗学会2002年年会在枣庄

　　　　召开［J］.民俗研究，2002（4）：201-204.

［57］张鸿雁.城市形象与城市文化资本论——中外城市形象比较的社会学

　　　　研究［M］.南京：东南大学出版社，2002：52-53.

［58］汪长根，蒋忠友.苏州文化与文化苏州［M］.苏州：古吴轩出版社，

　　　　2005.

［59］王豪.城市形象概论［M］.长沙：湖南美术出版社，2008.

［60］〔美〕凯文林奇.城市意象［M］.方益萍，何晓军，译.北京华夏出版

　　　　社，2001.

［61］徐循初，汤宇卿.城市道路与交通规划（上册）［M］.北京：中国建

　　　　筑工业出版社，2005.

［62］韩伟强.城市环境设计［M］.南京：东南大学出版社，2003.

［63］俞孔坚，李迪华.城市景观之路——与市长们交流［M］.北京：中国

　　　　建筑工业出版社，2004.

［64］〔日〕土木学会.道路景观设计［M］.章俊华，陆伟，雷芸，译.北

　　　　京：中国建筑工业出版社，2003.

［65］郑宏.广场设计［M］.北京：中国林业出版社，2000.

［66］王鲁民，宋鸣笛.关于休闲层面上的城市广场的思考［J］.规划师，

　　　　2003（3）：52-56.

［67］鲍诗度，王淮梁，黄更.城市公共艺术景观［M］.北京：中国建筑工业出版社，2006.

［68］李雄飞，王悦.城市特色与古建筑［M］.天津：天津科学技术出版社，1991.

［69］单霁翔.从"功能城市"走向"文化城市"［M］.天津：天津大学出版社，2007.

［70］陈呈任.城市再发展的人文思想及其规划对策［D］.上海：同济大学，2009.

［71］刘志坚.土地利用规划的公众参与研究［D］.南京：南京农业大学，2007.

［72］郑伟元.世纪之交的土地利用规划：回顾与展望［J］.中国土地科学，2000（1）：1-5.

［73］叶卫庭.城市设计管理实施研究［D］.武汉：武汉大学，2005.

［74］张莹萍.上海市城市规划管理中的公众参与研究［D］.上海：同济大学，2007.

［75］蒋勇.关于贯彻落实《城乡规划法》的几点思考［J］.城市规划，2008（1）：23-26.

［76］李军，叶卫庭.北美国家与中国在城市规划管理中的城市设计控制对比研究［J］.武汉大学学报（工学版），2004，37（2）：176-178.

［77］李少云.城市设计的本土化——以现代城市设计在中国的发展为例［M］.北京：中国建筑工业出版社，2005.

［78］吴静雯，运迎霞，严杰.经济杠杆下有效开放空间的形成——以容积率奖励策略为例［J］.华中建筑，2007（6）：24-25.

［79］运迎霞，吴静雯.容积率奖励及开发权转让的国际比较［J］.天津大学学报（社会科学版），2007（3）：181-185.

［80］高源.美国城市设计运作激励及对中国的启示［J］.城市发展研究，2005，12（3）：59-64.

［81］高源.美国现代城市设计运作研究［D］.南京：东南大学，2005.

［82］汪长根，蒋忠友.苏州文化与文化苏州［M］.苏州：古吴轩出版社，2005.

［83］上海同济城市规划设计研究院，同济大学国家历史文化名城研究中心.台儿庄古城区修建性规划［R］.2008.

［84］台儿庄古城保护开发建设委员会.关于台儿庄古城重建情况的新闻发布辞和台儿庄运河古城重建项目简介［R］.2008.

［85］上海同济城市规划设计研究院，同济大学国家历史文化名城研究中心.京杭大运河（台儿庄城区段）与台儿庄大战旧址保护规划及台儿庄大运河历史街区保护与发展规划［R］.2008.

［86］阮仪三.城市遗产保护论［M］.上海：上海科学技术出版社，2005.

［87］〔德〕赫伯特·德莱塞特尔.德国生态水景设计［M］.任静，赵黎明，译.沈阳：辽宁科技出版社，2003.

［88］王大骐.丽江消失与重生［J］.南方人物周刊，2009（41）：62-67.

［89］张静.城市后工业公园剖析［D］.南京：南京林业大学，2007.

［90］张凡.城市发展中的历史文化保护对策［M］.南京：东南大学出版社，2006.

［91］张开增.弘扬红色文化，服务科学发展［J］.枣庄通讯，2009（6）：28-29.

［92］殷英梅.中运河沿岸战争主题旅游开发研究［D］.扬州：扬州大学，2008.

［93］吴成宝.今日榴花别样红——山东峄城奏响旅游发展交响曲［N］.枣庄日报，2009-06-22.

照片及规划图：

书中图片来源采用了部分摄影师作品，参考了枣庄相关规划文本资料，在此一并表示感谢。

后　记

　　本人自1997年从曲阜师范大学毕业，回到枣庄工作，至今已经25载。2006年考入苏州大学攻读硕士研究生，专攻景观规划与设计，2009年获得硕士学位，同期到同济大学等高校深造、访学。虽偶或有成，但在案牍劳形之余，也常为治学荒疏深自抱憾。

　　过去的20多年，是我国城市化进程狂飙突进的时代。同祖国大地上许多城市一样，身边这座鲁南小城不啻"换了人间"。作为城市建设者的一分子，"建设一个什么样的枣庄，我能为枣庄做点什么？"一直是这20多年来我思考最多的问题。我撰写的多篇建议提案被市领导批示，部分纳入决策；主持或深度参与了城市规划、控制性详细规划、特定地区规划及各级各类专业专项规划600多项，见证了枣庄20多年变化的点点滴滴。

　　在台儿庄古城的重建过程中，我有幸与200多名国内外知名专家、30多家古建队伍、众多老工匠一起工作，打造了一座"手工版"的古城，再现了台儿庄"商贾迤逦，一河渔火，歌声十里，夜不罢市"的繁盛景象。崔愷院士规划设计的具有浓郁本土特色的铁道游击队纪念馆，我亦全程参与了项目建设。这些工作阅历和心路历程，使我对枣庄这座城市的历史、现状与未来发展有了更深刻的认识，这些也构成了本书的实践基础。

　　欣逢盛世，城市人文景观是时代华章不可或缺的一部分，理应被纪念、传承和探讨，而事实却是，对枣庄市的城市人文景观进行系统梳理和研究的著作，迄今几近空白。将这些年的思考感悟编撰成册，让国人知道，这座英雄的城市不仅历史文化厚重，还曾有过惊艳时光的建筑瑰宝，既是聊解本人有负丹青之憾的私心，更是职责所在。故此，从十余年前开始，我便利用工作之余，着手撰写本书，不觉已近知天命之年。

虽有宏愿，我自知才力不逮，仍愿意不揣浅陋，求教于大方，若能为丰富城市人文景观研究贡献绵薄之力，亦可表达对脚下这片热土的赤子之情，心愿足矣。

本书在撰写过程中得到了苏州大学马路教授、王泽猛教授，同济大学陈健教授、张冠增教授，中国矿业大学建筑与设计学院常江教授、邓元媛教授的悉心指导。我的同事渠向东主任、张孝平主任、金跃衡主任，董科国副总，姜齐楹、尹秀娇、李庆峰、党芹、刘旭、张馨元等亲朋好友提供资料、提出了很多意见建议，在此一并表示衷心感谢！作为引玉之砖，书中的观点和描述或有不妥，敬请各位读者批评指正。

2022年9月11日